土に暮らす虫たち

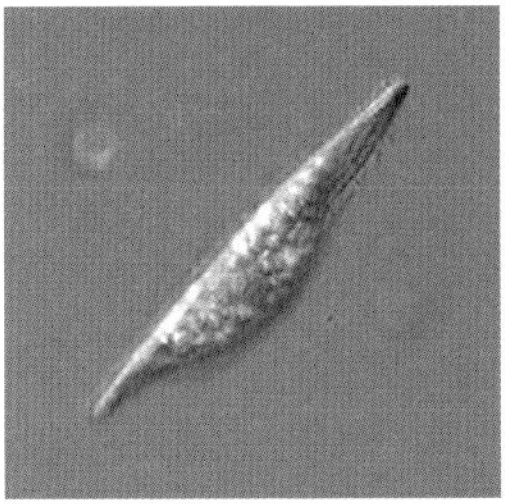

原生生物

→本文43ページ

植物でも動物でもない単細胞の生き物

撮影：中山　剛

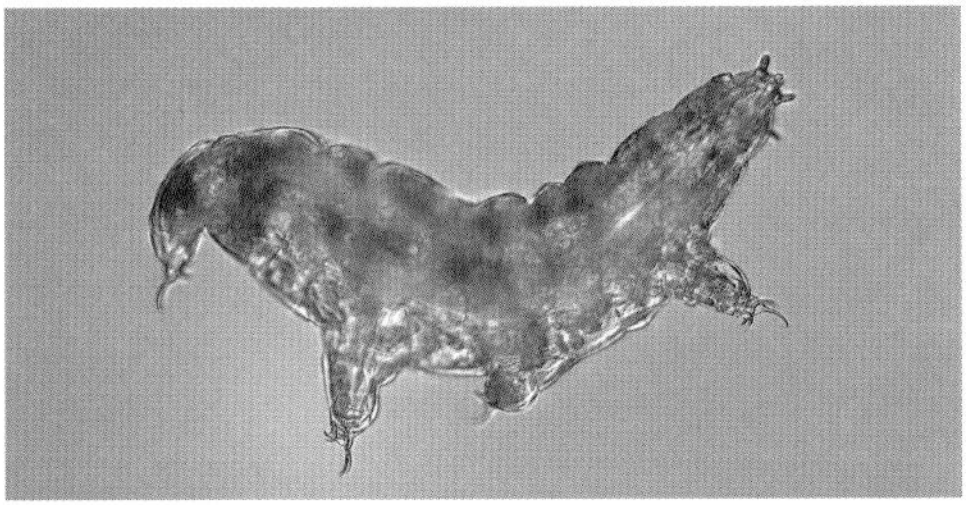

クマムシ

→本文44ページ

想像を超えた環境で生きられるすごい生き物

撮影：吉田　譲

センチュウ

→本文45ページ

多様な戦略であらゆる場所に生息する

撮影：吉田　譲

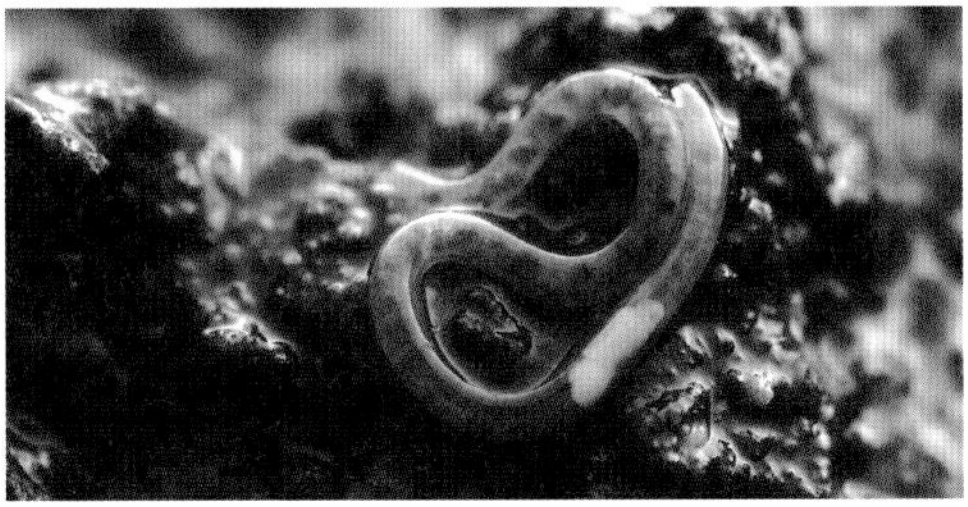

ヒメミミズ

→本文47ページ

体の節が分かれて増殖することも

撮影：吉田　譲

トビムシ

→本文49ページ

お尻にあるバネで飛び跳ねて逃げる

撮影：吉田　譲

ササラダニ

→本文53ページ

動きは遅いが硬い殻で身を守る

撮影：吉田　譲

ケダニ

→本文55ページ

体が柔らかく敏捷に動き回る

撮影：吉田　譲

トゲダニ
→本文55ページ
硬い体に強大な脚と爪をもつ捕食者

撮影：吉田　譲

コナダニ
→本文55ページ
他の動物に便乗して移動することも

撮影：根本崇正

カニムシ
→本文56ページ
ハサミを駆使する強力なハンター

撮影：吉田　譲

カマアシムシ
→本文57ページ
眼も触覚もない、鎌状の脚をもつ虫

撮影：吉田　譲

コムシ
→本文58ページ
数珠のような長い触覚をもつ

撮影：吉田　譲

コムカデ
→本文59ページ
足の少ない多足類

撮影：吉田　譲

エダヒゲムシ

→本文59ページ

複雑に分岐した触角をもつ

撮影：吉田　譲

クモ

→本文61ページ

土の中のトッププレデター

撮影：吉田　譲

ムカデ

→本文63ページ

待ち伏せと毒で獲物を捕らえる

撮影：吉田　譲

ヤスデ
→本文65ページ
大量の落ち葉を食べて
自分の糞も食べる

撮影：吉田　譲

ワラジムシ
→本文68ページ
水・陸の中間的性質を
もつ土壌で繁栄

撮影：吉田　譲

ミミズ
→本文69ページ
土壌を耕しながら大量
に食べる「大地の腸」

撮影：吉田　譲

シロアリ

→本文72ページ

土壌動物随一の分解能力をもつ

撮影：吉田　譲

アリ

→本文74ページ

多くが肉食、土の中では狂暴な生き物

撮影：吉田　譲

昆虫（ハエ目）の幼虫

→本文77ページ

落ち葉や腐肉の重要な分解者

撮影：吉田　譲

地表性甲虫
→本文79ページ
土に似た地味な色のものがほとんど

撮影：吉田　譲

ナメクジ
→本文80ページ
食べ物は多岐にわたる

撮影：吉田　譲

カタツムリ
→本文80ページ
殻は防御に使われる

撮影：吉田　譲

THE ROLE OF SOIL ANIMALS

藤井佐織［著］　［イラスト］くぼやまさとる

はたらく土の虫

瀬谷出版

まえがき

「はたらく土の虫」というタイトルで自分が書籍を出すことに、なんだか大きな矛盾を抱えているような、言葉で表しがたい複雑な感情を持っている。というのも、土の虫（土壌動物）の研究を続けてきた自分こそ、土壌動物のはたらきに最も期待をしていない部類の一人なのではと思うからだ。

土壌中の生き物は、概して「分解者」という肩書をもつ。そのことを既に知ったうえで本書を手にとってくれている読者の方も多いだろう。本編で詳述するが、「分解」とは、朽ちて死んだものを生物にとって再利用可能な形にもどすという、生態系の維持に必須のプロセスである。この分解プロセスを担う者という肩書のため、土壌動物は、生態系の中のはたらき者で、役に立っているはずという大前提をもたされがちである。

しかし、いざ土壌動物の研究を始めてみると、ミミズやシロアリなど特に影響力の強い土壌動物は別として、多くに関しては、野外では分解作用の検出でさえ難しいという状況に頻繁に直面する。検出ができないわけではなく、一貫した結果がみられず、その原因も特定できない。だから、分解にどれくらい寄与しているとも寄与していないとも断言できない、そういう曖昧なデータが蓄積していくという目に合うのだ。私が専門としているトビムシ（体長〇・五〜二ミリメートルくらいと小さいが、どこにでもたくさんいる土壌中の節足動物）は特にひどく、あえてこちらを翻弄しているのかと思わんばかりの、絶妙に解釈不能な結果ばかり見せてくる。世界中に五〇人くらいはトビムシを専門に扱う生態学者がいるが、みなトビムシに対する期待が顕著に低いという特徴をもっているように思う。

土壌動物のはたらきについての一般書をという、本書の執筆依頼をいただいたとき、国内では同業者も少なく今後の人気もなさそうなこの分野の、一般的な知名度を少しでも上げられるならと思い引き受けた。しかし、すぐに、どうやって自己矛盾を引き起こさずに書き切るかという課題に直面した。

できることなら土壌動物の人気を引き上げたい時に、こうした裏事情にフォーカスして実は大してはたらいていないかもしれませんという暴露本にするのは避けた方がよいだろう。いっそのこと、土壌動物のポジティブな側面を前面に押し出してきれいごとを並べたフィクションにしてしまえばいいのだろうか。しかし、この機会は、土壌動物＝分解者という単純化された教科書的なお話から、もう少し踏み込んで、複雑な土の中の世界の実態を一般に広めるチャンスでもある。

そうして悶々と悩みながら、とりあえず事実らしいことを淡々と記述していくうちに、私自身、「はたらき」という言葉に、使えるかどうかや、役に立つかどうかといった人間都合のバイアスを含みすぎていたことに気がついた。


トビムシ含め土壌動物は、別に何もしていないわけではない。環境に対する反応や影響に関して一貫したパターンを示し、そのパターンを生み出す理由が明確で、影響力も各段に強い生き物というのが、科学においても社会においても優遇されがちだが、多くの土壌動物はそのどれももち合わせていないだけだ。彼らは、複数の要因に複雑に影響され、そのため場所により時により挙動が変わり、それに付随して「はたらき」の有無も大きさも毎度変わってしまうという性質をもつ。その複雑さが、はたらきを検出したり定量したりする際にどうしても不利になるし、また、現状の手法ではうまく数値評価することができないという事態になっているのだろう。

ただ生きて自然の歯車として回っている生き物を、こちらのルールやスケールに合わせて評価しようとするところにそもそもの問題があるようにもみえる。

というわけで、本書では、この曖昧な「はたらき」という言葉を見直して、別にそれが人間社会の価値観に合わせた「はたらき」でなくても、人がコントロールして使うことのできるものでなくても、生き物が自らの外界に及ぼす力そのものと捉えることにした。そのため、「はたらき」に特化した内容というよりは、土壌動物の生態そのものを説明した本になってしまったようにも感じるが、自分としてはもやもや感が随分と減って書き進めることができたのでよしとしている。

執筆にあたっては、なるべくこれまでの研究結果に忠実に、嘘が入らないようにと留意した。文章の語尾が、断言型でなく煮え切らないものが多くなっているのはそのためで、研究者界隈特有の誠意の表れとしてご理解いただきたい。なお、できるだけ確からしい、かつ最新の情報を反映するように心がけはしたが、研究結果というものはファクトとは限らない。日々更新され、進歩していくという性質をもつ。また、研究結果の捉え方も人それぞれである。研究者の数だけ異なる世界の捉え方があるといえるだろう。したがって、言い訳がましくはなるが、本書は一人の研究者がみている現時点での土の中の世界と思って読んでほしい。受けてきた教育や、仲の良い研究者達との議論、自分自身のこだわりのテーマ、たまたま見つけた未発表の観察記録……

本書に描かれているのは、そういった偏った個人的なものに色濃く影響されながら、私が勝手に秩序立てて構築した部分も多々ある世界な気がする。そういう意味では、本書はフィクションに近いのかもしれない。

目次

第2章・土に暮らす虫たちの紹介

第3章 ●「分解」だけではない土壌動物のはたらき　83

第5章・生態系の調和　127

第1章

生態系のはなし

1 生態系の中の物質の流れ

虫たちのいる生態系

土の上や土の中で忙しそうに動きまわる虫たちが、一体何をしているのか、不思議に思ったことはないでしょうか。

土の虫は、その多くが小さく、肉眼で見つけられないものが大半です。また、そもそも土の中を観察することが難しいために、何をして、どうやって生きているのか、まだ謎が多く残されています。それでも地道な研究の結果分かってきたことをふまえて、虫の世界を覗《のぞ》いてみることにします。

なお、虫という言葉は昆虫だけを指すこともあり、定義が曖昧なので、専門的な言葉になりますが、本書では土の虫たちを「土壌動物」と呼びます。また、この後も専門的な言葉が出てきますが、馴染みのない言葉が出てきたら本文に入れた注や索引を参考に読み進めてください。

さて、土でうごめく土壌動物も、単独でいるのではなく、植物や微生物など他の生物と影響し合いながら生きています。

そこで、まずは、土壌動物たちが暮らす生態系の全体像について見てみましょう。

「生態系（エコシステム）」とは、同じ場所に共存する生物と、それをとりまく環境からなるシステム（系）をひとまとまりとして表す概念です。

生態系は、生物と、非生物である環境が互いに影響を及ぼし合うことで維持されています。

生物にも非生物にも含まれる炭素（C）や窒素（N）、リン（P）といった物質は、大気や水の流れとともにさまざまな生態系の間を移動して、地球規模で循環しています。その大きな循環を動かす源となっているのは、一つ一つの生態系の中に住む生物たちの間で起こる物質の受け渡しや、生物と環境の間にみられる物質のやりとりです。

窒素やリンは土と植物の間で循環する

物質の循環について、例えば、森林の生態系について考えてみましょう。

土壌に含まれる窒素やリンなどの養分物質は、樹木の根から吸収され、樹体の成長

に使われます。

樹木は数十年、数百年と長い年月をかけて成長しますが、その間に、多くの種類の樹が、毎年葉を枯らせて落とし、土の中でも根を枯死させます。また、何年もかけて大きくなった樹は、いつかは寿命で、もしくは大きくなる途中で強風に倒れたり病原菌や害虫に入られたりして、枯れ木になります。これら枯死したものは、最終的にはすべて土壌に入り、土壌生物によって徐々に分解されます。

その際、枯死物に有機物*1として含まれていた養分は、無機化*2されて樹木が吸収できる形態になり、再び根から吸収されて樹体の成長に使われます。このように窒素やリンは、土壌と樹木の間で形態を変えながら循環しています。

最初に生態系に取り込まれる際に、窒素は主に大気中から、リンは岩石からという点で違いはありますが、その後は、土壌と植物の間における直接的なやりとり、つまり生態系の中での完結した循環が起こりやすいといえます。

炭素は生物の呼吸によっていったん大気に還っていく

一方で、炭素の場合、土壌と植物の間で直接的なやりとりはなく、必ず大気を介して循環します。

大気中の二酸化炭素は、樹木の光合成によって取り込まれ、樹体を構成する有機物の主要な成分として蓄積されます。そして、樹体の一部は、葉を食べる虫や樹皮を食べるシカなど、動物に食べられて、炭素はそれら動物の体を構成する成分となります。

植物や動物に取り込まれた炭素の多くは、生物自身のエネルギーとして使われ、呼吸によって二酸化炭素として大気に還っていきます。また、呼吸で使われず、生物の体を維持するために使われてきた炭素も、枯れたり死んだりした後、土壌生物に食べられエネルギーとして使われて、土壌生物の呼吸によって気体である二酸化炭素にまで無機化されて大気に還っていきます。

気体は、一つの生態系にとどまらず、もっと大きなスケールで移動します。つまり、ある生態系の土壌から発生した二酸化炭素を、その生態系に生きる植物が直接もう一度吸収することは比較的少なく、ここが窒素やリンの循環と異なるところです。

生物のはたらき

このように、循環のしかたに違いはありますが、どの物質も気体になったり、液体に含まれたり、別の物質と結合して固体になったりと姿を変えながら、植物や動物や、それら生物をとりまく環境の間を循環しています。

どの生物にとっても必須元素として生存に必要になるこれらの物質は、生態系の仕組みを考えるうえで通貨のようなものととらえると分かりやすいかもしれません。ただし、生物ごとに体を構成する各物質の量や物質間の比率（例えば、炭素の量に対する窒素の量など）が異なるので、生物の種類によってそれぞれの物質の重要度が異なります。そのため、生態系におけるこれら物質の循環のスピードや物質間の量的なバランスは、生物の活動の結果でもある一方で、その土地にどのような生物が存在できるかを決める主な要因にもなります。

生物のはたらきを、「物質の循環を維持し、自らを含む数多《あまた》の生物が存在し続けるための営み」ととらえるならば、土に住む生物の主なはたらきは、朽ちたり死んだりして土に落ちたものを分解し、再生させる過程の中にあるといえるでしょう。

＊1　有機物　炭素を含む物質で、多くの場合、水素、酸素、窒素などと結合している。炭水化物・タンパク質・脂肪など生物の体を構成しているものは有機物である。

＊2　無機化　有機物でなくなること。例えば、窒素の無機化とは、タンパク質やアミノ酸などに含まれている窒素（有機態窒素）がアンモニウムイオンや硝酸イオンなど、無機態に形態変化すること。

2 植物と動物のはたらき

植物のはたらき

樹木や草など植物は、太陽の光エネルギーを利用して、二酸化炭素と水から炭水化物をはじめとする有機物をつくり出します。このはたらきは光合成と呼ばれ、このように無機物[*3]から有機物を自らつくり出すことのできる生物を「独立栄養生物」と呼びます。独立栄養生物は、生態系の中の「生産者」であり、他の生物は生産者を食べることで、エネルギーや養分を得ることができます。

つまり、植物は、生態系を構成する生物たちの基盤となっているわけですが、移動して逃げることができないにもかかわらず、簡単に食べつくされることはほとんどありません。

植物がもつ、虫たちが食べにくい硬さや渋み

なぜ植物は食べつくされないのでしょうか。

植物の細胞は、動物の細胞とは異なり、外側に「細胞壁」という硬い殻をもっています。細胞壁には、セルロースやヘミセルロースという炭水化物などとともに、リグニン*4という高分子の有機化合物が含まれています。このリグニンという成分が、植物の細胞壁の硬さに関係しています。

多くの樹木は、重量にして約二〇％以上がこのリグニンでできています。樹木は、そもそもリグニンがあることによって樹高が高くなっても倒れず、自立することができているわけですが、リグニンの含有率が高いほど硬く、動物に食べられにくくなる

ことが知られています。

また一方で、植物は、渋み成分であるタンニン[*5]などを合成し、食べられないように防御しています。このタンニンは、リグニンのように植物自身の成長に使われているわけではなく、植物を食べる虫が増えた時に植物体内での量が増やされるなど、臨機応変に合成されています。

動物のはたらき

動物は、基本的に、生産者である植物がつくり出した有機物に依存して生きており、「従属栄養生物」と呼ばれます。

これら従属栄養生物のうち、生きている植物を食べる生物は、生態系の中で「消費者」として位置づけられます。植物（生産者）を直接食べる動物（一次消費者）、その動物を食べる肉食動物（二次消費者もしくは捕食者）、さらにその動物を食べる肉食動物（三次消費者もしくは二次捕食者）、というように、動物たちは、食べて食べられるという関係でつながった「食物連鎖」を形成しています。

この一次、二次といった、食物連鎖の中におけるレベルは、専門用語で「栄養段階」と呼ばれ、栄養段階が高いほど食物連鎖の上位に位置することを示します。実際には、多くの生物が栄養段階の異なる多岐にわたる餌を食べるために、一本の食物連鎖ではなく、多くの鎖が複雑に網のように組み込まれた「食物網」を形成していることがほとんどです。

食物連鎖に流れるエネルギーの量

消費者による食物連鎖や食物網は、「生食連鎖」と呼ばれます。

動物は、食物から取り込んだエネルギー量（炭素量）の一部しか自身の成長に使うことはできません。特に、植物プランクトンを食物連鎖の起点とする水界と違って、消化しにくいセルロースやリグニンを含む植物からはじまる陸上の生食連鎖では、動物が消化して吸収できる割合が低くなり、排泄物として多くが失われます。

また、リグニンやタンニンを含むことで硬さや渋みをもつ植物は、多くの部分を動物（消費者）に食べられないまま、枯死します。

陸上では、植物が光合成で取り込んだエネルギーは、割合にして一〇％以下しか生食連鎖に流れていかないことが知られています。生食連鎖に流れなかった分の多くは次に述べる分解者による腐食連鎖が引き受けています。

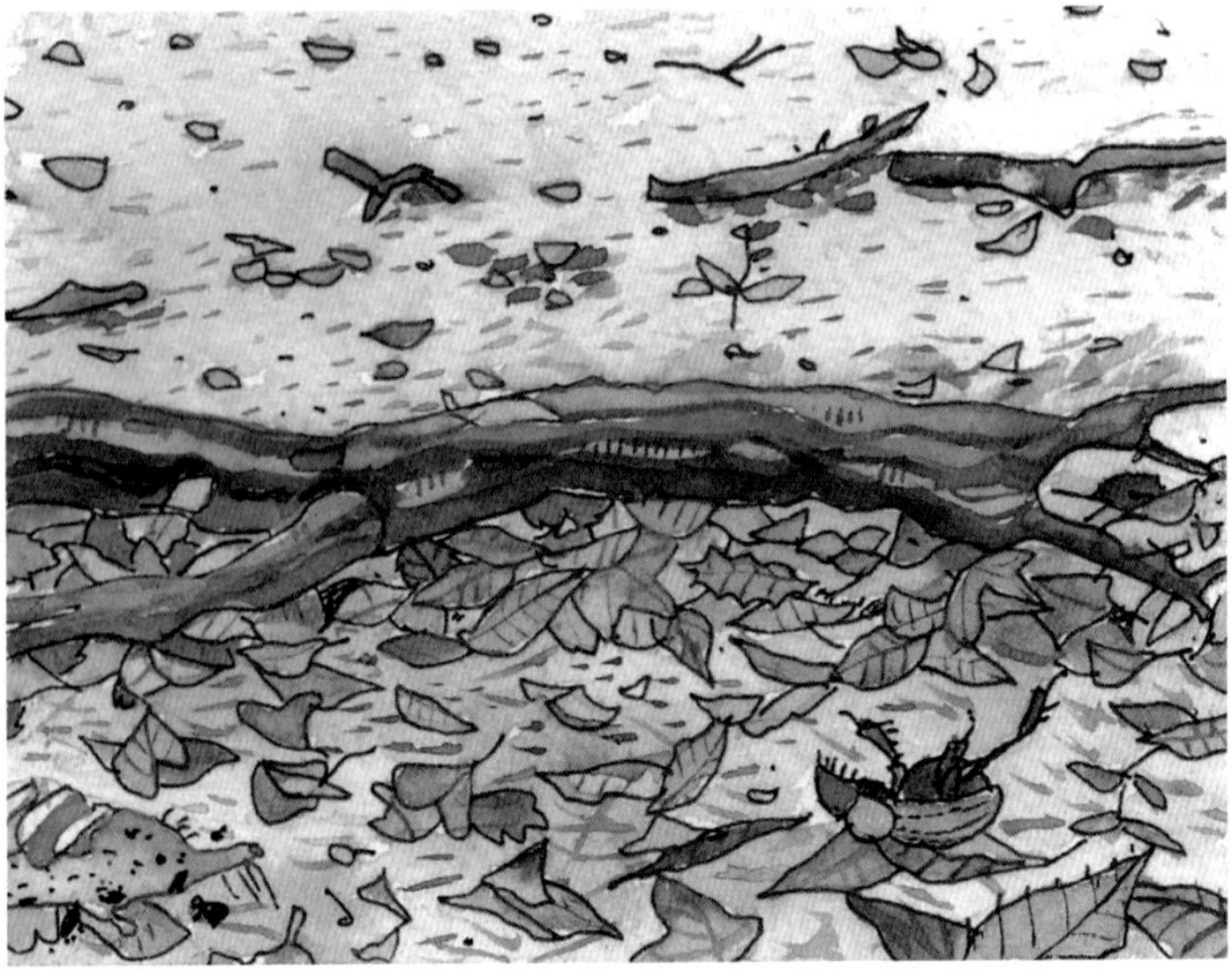

死んだ餌から始まる腐食連鎖

動物（従属栄養生物）のうち、枯れ葉や枯れ木などの植物の枯死体（「リター」と呼びます）や、動物の老廃物や遺体（リターと合わせて「デトリタス」と呼んでいます）を利用して生きるものが「分解者」と呼ばれます。分解者も、消費者と同様に、食べて食べられるの関係でつながった食物連鎖や食物網を形成しており、生食連鎖と対比して「腐食連鎖」と呼ばれます。

動物は、消費者も分解者も、食物連鎖を通じて炭素や窒素といった物質を、自分を食べる生物に受け渡すといった役割を担っており、これは生態系内において物質を循環させる重要なはたらきです。つまり、生態系における動物のはたらきとは、何を食べて何に食べられるかで評価できるともいえます。

生食連鎖における物質の流れが、生きた植物を起点とした一方向なものであるのに対して、デトリタスから始まる腐食連鎖の物質の流れは、分解者自身の糞や遺体も随時起点に加わるという点で異なります。腐食連鎖は、この内部のリサイクルシステムをもつために、生食連鎖に比べて全体としての消費効率がよい（無駄になるものが少ない）ものになっています。

生物が使い古した有機態の炭素や窒素は、分解者による腐食連鎖を通過する過程で、再び生産者である植物が吸収できる形態である無機態にもどります。

＊3　無機物　有機物以外の物質。二酸化炭素（CO_2）も無機物。

＊4　リグニン　化学反応で壊れにくく安定したベンゼン環（六個の炭素原子が正六角形で結びついた分子構造）が複雑に重合し、三次元網目構造を形成してさらに安定化した高分子化合物。

＊5　タンニン　ポリフェノールの一種で、ほとんどの植物がもつ渋みや苦み、色素のもとになる水溶性の化合物。

3 分解者が住む土の中の世界

虫たちは薄く、狭いところに集中して住んでいる

生きとし生けるものいずれは土に還ると言われるように、生物の死後の舞台は我々の足もと、地下に広がる土壌にあります。土壌にはさまざまな虫や微生物が数多く生息し、分解作業に従事しています。

土壌という環境は、地上と大きく異なります。最も特徴的なことは、生物が生息できる空間が、薄く、狭いことにあります。

土壌は、垂直方向に層構造をもち、表層から、有機物層、鉱物質層、母岩と分かれています。一般に土壌は深く、母岩までの深さは三メートルを超えることもあります。しかし、ほとんどの分解者は、そのうち表層のたった数センチメートルから数十センチメートルしかない有機物を多く含む層に集中して住んでいます。

住みかの環境は細かく分かれる

有機物層の中にも、落ちたばかりのリターからなる層、分解が進んでリターがばらばらの破片になった層、さらに分解が進んでもとの形も分からなくなった「腐植」と呼ばれる物質からなる層というように、層構造があります。層によって環境が異なるために、層によって住んでいる生物の種類が異なります。

分解者の住み場所である有機物層の厚さやその中の各層の割合は、落葉など随時入ってくるリターの量と、分解者自身のはたらきの活性（つまり、分解のスピード）のバランスで決まってきます。

また、土壌環境は、固体の土壌粒子か

らできた「固相」と、水からなる「液相」、空気からなる「気相」に分けられます。土壌は固相の部分が多いのですが、分解者は基本的に土のすきまである液相か気相にしか住めません。

したがって、地下部では、動物が住めるスペースはそんなに大きくないのです。しかし、地下部の動物の数や量は地上部の動物に比べてとても多く、陸域の単位面積あたりの動物の量は、土壌動物が八〇〜九〇％を占めるそうです。

強力な分解者、微生物も住んでいる

分解者の主なメンバーには、土壌動物だけでなく、細菌類や菌類（カビやキノコに代表される真菌類）からなる「土壌微生物」がいます。

細菌には、植物のように自ら有機物をつくり出せる独立栄養の種類もいますが、土壌微生物の多くが既につくられた有機物に依存して生きる従属栄養生物です。

一〜一〇〇マイクロメートルと小さく、口のない土壌微生物は、餌を口から食べることはできません。体外に消化酵素を分泌して有機物を分解し、体表からそれらを取り込んでいます。自分の体の外で有機物を分解するため、他の生物に横取りされることもあります。一方、無機化された窒素等、無機態の養分の量が、微生物自身が必要

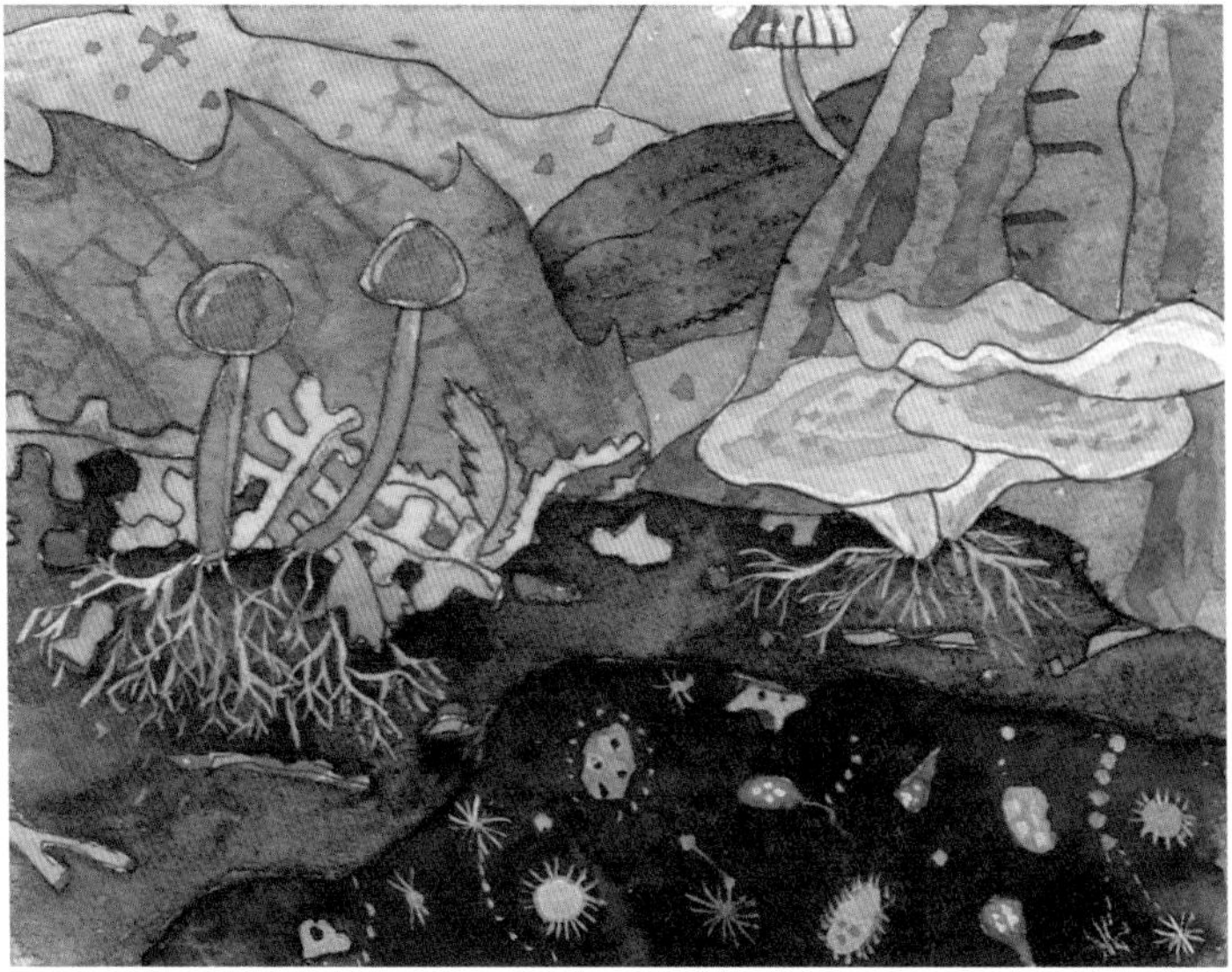

とする量より多く、土壌中に余った場合には、植物の根がそれらをそのまま吸収することもできます。

21ページで、リグニンという植物の硬さのもとになる成分を紹介しました。消費者である地上部の動物が消化できないのと同様、多くの土壌動物もこのリグニンを分解する酵素はもちません。しかし、菌類にはリグニン分解酵素をもつ種類がおり、それらはリグニンのかたまりである枯れ木でさえも分解することができます。

子実体（菌類の胞子が形成される部分が集合してかたまり状になったもの）であるキノコ以外、多くの微生物は目に見えるサイズではありません。

しかし、畑の土壌に一〇〇平方メートルあたり約一五キログラムの細菌と約五〇キログラムの菌が存在したという報告もあり、その量は想像以上に大きいものです。一グラムの土の中には、多いと一〇憶個の細菌と二〇〇メートルにわたる菌糸が含まれると見積もられています。

土壌動物の種類と数

土壌動物には、微生物と同じような小さいサイズのものから、簡単に見つけることのできる大きなサイズのものまで、さまざまな分類群がいます。

微生物と同じく体幅（体の幅）が〇・一ミリメートル以下の原生生物やクマムシから、〇・一ミリメートルから一ミリメートルほどのダニやトビムシ、ヒメミミズ、一センチメートル以上ある大型のワラジムシやクモ、ムカデ、ヤスデ、ミミズ、さらに大型なものとして、五センチメートルほどあるモグラやネズミに至ります。

土壌動物の多くは、世界中どこでも見られるほど広く分布し、地上に生息する消費者と比べて、生息密度が非常に高いことが特徴です。多くの場所で、一平方メートルあたりに、およそ数十万から数百万個体の土壌動物が生息しています。

例えば、日本では、明治神宮の森において、大人の片足の下に、センチュウが七〇〇〇〇個体以上、ダニが三〇〇〇〇個体以上、ヒメミミミズが一八〇〇〇個体以上、トビムシが約五〇〇個体、ハエやアブの幼虫（ハエ目幼虫）が約一〇〇個体、ワラジムシやクマムシが約一〇個体、クモやミミズ、ムカデ、ヤスデなどがそれぞれ二個体以下で生息していたという例が有名です。

土壌微生物のようにリグニン分解酵素を生成する能力はもたなくても、多くの土壌動物は頑丈な口器（口の役割をはたす器官）をもち、硬い有機物でも咀嚼《そしゃく》することができます。咀嚼され、細かくなった有機物は、土壌微生物の酵素による無機化作用を受けやすくなります。

すべての土壌動物が分解者としてはたらいているわけではありませんが、さまざまなサイズの虫たちが、土壌微生物と一緒に炭素や窒素等の物質の循環を駆動しています。

4 「分解」における虫たちのはたらき

体のサイズによるグループ分け

土壌動物は、体のサイズで大まかなグループ分けをされることがよくあります。専門的には、次のように小さいほうから「ミクロファウナ（小型土壌動物相）」「メソファウナ（中型土壌動物相）」「マクロファウナ（大型土壌動物相）」と呼ばれます。虫ではないのでこの本では詳しく説明しませんが、モグラやカエルなど、体幅三センチメートルを超える動物は「メガファウナ（巨型土壌動物相）」と分類されています。

○ミクロファウナ（小型土壌動物相）：体幅〇・一ミリメートル以下のグループ
○メソファウナ（中型土壌動物相）：体幅二ミリメートル以下のグループ
○マクロファウナ（大型土壌動物相）：体幅二ミリメートル以上のグループ

なぜ体サイズによってグループ分けされるかというと、サイズによって生態系におけるはたらき（専門用語で「機能」といいます）が分かれる場合が多いからです。先にも話したように、生態系における動物の機能は、何を食べて何に食べられるかで決まるところが大きいといえます。

一般的に捕食者は、餌生物よりも大きい場合が多く、特に水界などでは体のサイズが生物の栄養段階を表すことが多くなります。生物にとって構造的な制限が強く身動きがとりにくい土壌では、そもそも体のサイズで住める場所が分かれる場合が多くなります。そのため、同じ場所に生息する餌生物と捕食者のサイズが似通いがちになるなど、このルールは一概には当てはまりません。しかし、それでも体の大きい土壌動物ほど栄養段階の高い捕食者である率は高く、また、同じサイズの土壌動物ほど似通った餌を食べている場合が多いことが知られています。したがって、サイズによるグループ分けが機能のグループ分けに相当する場合が多いのです。

腐食連鎖を通して有機物を分解し、土をつくる

リターや腐植、微生物を食べる腐食連鎖の低次の栄養段階には、ミクロファウナやメソファウナに含まれる分類群が、上位捕食者になるほどマクロファウナに含まれる分類群が位置しています。

例えば、下位栄養段階から順に、リター↓微生物↓センチュウ（ミクロファウナ）やトビムシ（メソファウナ）↓捕食性のダニ（メソファウナ）やクモ、ムカデ（マクロファウナ）といった食物連鎖が腐食連鎖の代表例として挙げられます。

この腐食連鎖を通して、もともとデトリタスに含まれていた炭素や養分は、上位の栄養段階の生物へと受け渡されます。その間に、炭素は、土壌動物たちの呼吸によって随時、二酸化炭素に無機化され、大気中に放出されます。窒素等の養分は、食物連鎖の中で捕食が起こるたびに、捕食者側の体の構成要素となりますが、餌生物と捕食者の間で必要とする養分の量が異なる場合など、その余りが土壌中に放出されます。一方で、分解者たちの食べ残しや糞は、分解されにくい安定的な物質でできた腐植となって長く残り、土壌をつくります。

土壌は、土壌生物たち自身の住みかであるだけでなく、植物が芽生え、根を張る土台、つまり生産者として生態系の基盤となる植物の住みかでもあります。したがって、土壌動物は、分解というはたらきと同時に、土壌の形成という生態系のすべての生物が生存するために必須のはたらきを担っているといえます。

落ち葉を直接食べる大きな虫は強力な分解者

マクロファウナの中には、他の動物を食べる捕食者だけでなく、落ち葉を直接食べるものもいます。

ワラジムシやヤスデなどがそれにあたり、体が大きくても肉食ではありません。また、大きいだけでなく硬い外骨格[*6]にも覆われているので、他の動物から捕食されにくいという特徴ももちます。

このワラジムシやヤスデは、海の中のクジラに立ち位置が似ているかもしれません。「落葉変換者」という機能グループに分類され、「食べられる」という観点からは食物

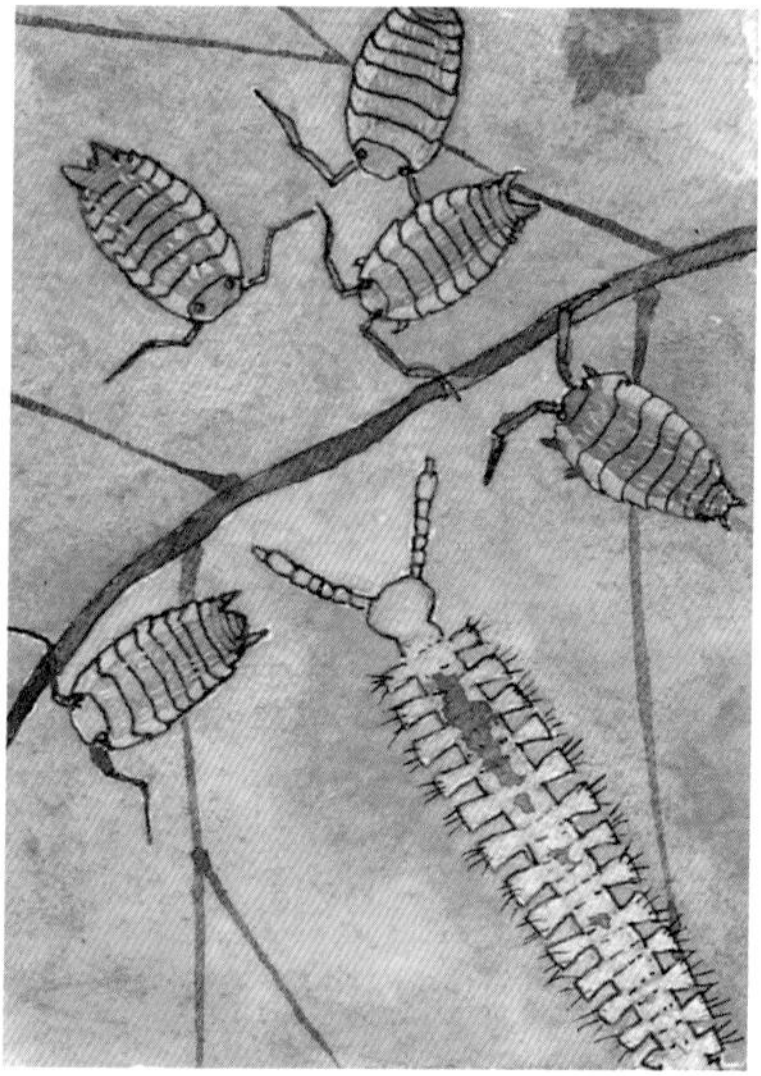

連鎖（腐食連鎖）の主要メンバーとは言い難いのですが、分解者として極めて強力なはたらきをしています。
落葉変換者の多くは、リグニンのような難分解性の成分が多く含まれるリターを、微生物のように自ら分解する能力はもちません。その代わり、微生物によって部分的に分解されたリターを、微生物ごと大量に食べます。そして、口器や消化管の中で、リターと微生物を一緒に細かくかみ砕いたり粉砕したりして、混ぜ合わせます。彼らの消化管の中で多くの微生物は生き延びることができます。消化官内で微生物が出す分解酵素によってリターの分解はさらに進み、落葉変換者はそこから出た養分を利用することができます。
落葉変換者に食べられたリターは、微生物と混ざった糞に変換されて、土壌中に排出されます。その糞は、いろいろな土壌動物の餌や住みかになります。落葉変換者自身も糞食者である場合が多く、自分が出した糞を反芻《はんすう》するように繰り返し食べることで、栄養の吸収効率を高めています。

リターの粉砕は、有機物の表面積を増やすことにつながり、粉々になったリターにはより多くの微生物が定着できるようになります。その結果、微生物の活性が高まり分解のスピードが増すので、落葉変換者は大きな分解促進効果をもっているといえます。

落葉変換者には、マクロファウナだけでなく、体は小さいけれど、外骨格に守られていて比較的捕食されにくいササラダニなどのメソファウナも含まれます。

住み場所を改変する生態系エンジニア

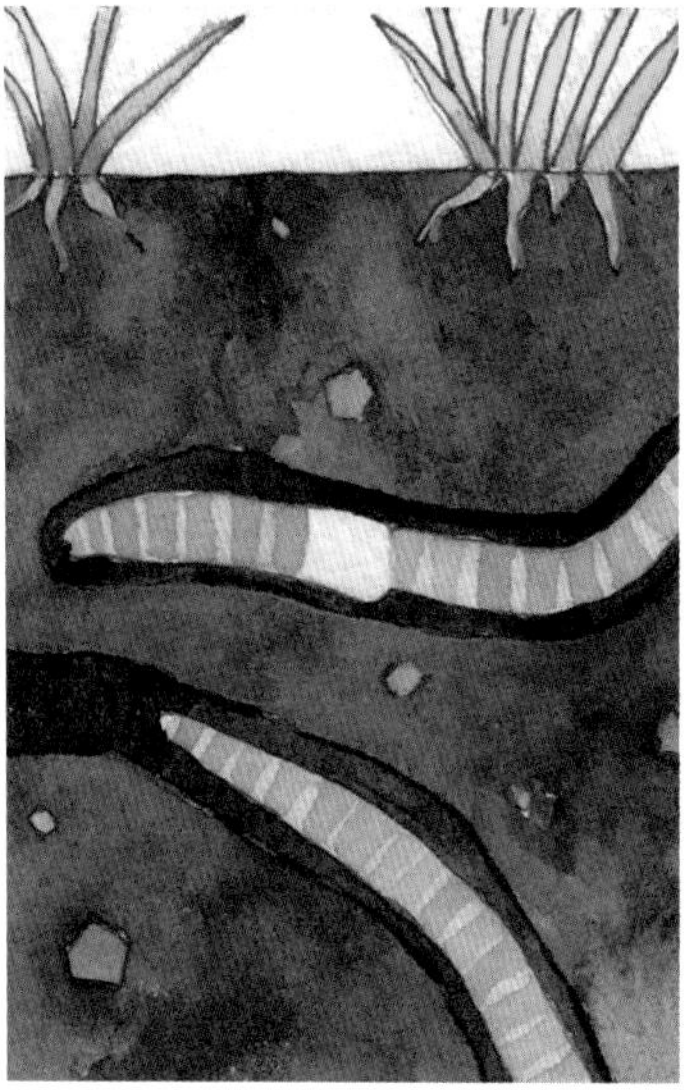

さらに、ミミズやシロアリ、モグラなど、移動することで土壌を耕したり、巣をつくるため穴を掘ったりと、土壌構造を変えるグループが存在します。

これらの土壌動物は、「生態系エンジニア（生態系改変者）」と呼ばれ、他の生物の住みかを物理的に変容させ、また、新たな住みかを提供することもあります。

生態系改変というはたらきは、その場に住める生物の構成を変えてしまう効果をもつため、結果的に腐食連鎖のはたらきに影響を及ぼすなど、分解系に大きな影響力をもつことが知られています。

また、落葉変換者など、リターを大量に食べる土壌動物の糞が、安定的で壊れにくい構造をもち、土壌に長く残留して土壌形成に大きく寄与する場合があります。これも、住みかとしてのその場所を変えてしまうという意味で、生態系改変の一種と見なされます。

微生物食者は微生物のはたらきに影響する

微生物を選択的に食べるトビムシやダニ、センチュウ、原生生物を「微生物食者」というグループに分けることもあります。

微生物食者は、微生物を食べて捕食者に食べられることで、上位の栄養段階にある生物に炭素や養分を受け渡すという腐食連鎖のかなめに位置しています。

しかし、それだけでなく、彼らの摂食活動は、微生物自身の活性やはたらきにも影響します。微生物が強力な分解者であることを考えると、微生物のはたらきを変えてしまうということの方が分解に対する影響力は大きいかもしれません。また、微生物食者が微生物を選択的に食べている場合、つまり、餌微生物の種類に対して好き嫌いがあって選り好みをして食べている場合、微生物食者の存在によって微生物間の競争関係が変わることもあります。優占する微生物の種類が変われば、もちろん分解にも影響が出てきます。この話は後に出てくる第3章「『分解』だけではない土壌動物のはたらき」で詳しくお話ししましょう。

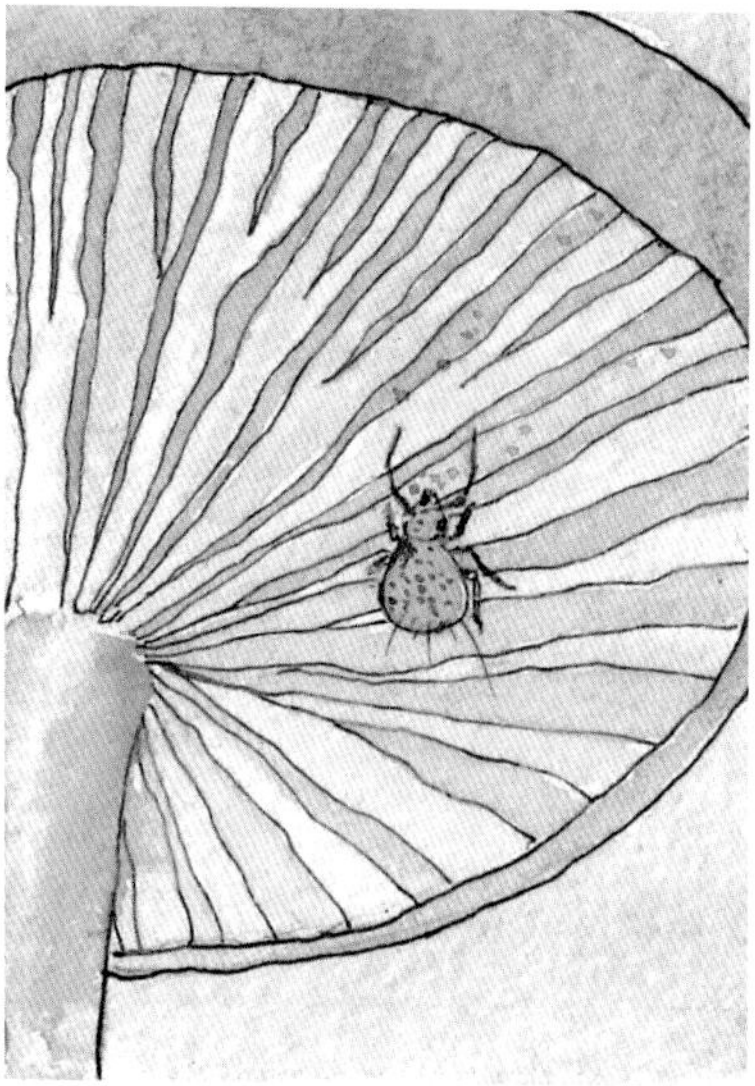

このように、腐食連鎖に組み込まれたはたらきだけでなく、土壌動物はさまざまな方向からリターの分解に関わっています。次章では小さい体サイズのものから順に、土壌動物の各分類群を紹介します。

＊6　外骨格　節足動物などがもつ動物の体の表面を覆う殻のこと。脊椎動物の骨などは内骨格と呼ばれ、対義語である。

第2章

土に暮らす虫たちの紹介

1 ミクロファウナ
――体の幅が〇・一ミリメートル以下の極小の虫

体幅〇・一ミリメートル以下のミクロファウナは、多くが土壌中の液相の部分に生息し、水中に溶けている有機物や、細菌、カビ、藻類などを食べています。泳ぐなど、能動的に動けるものもいますが、基本的には水の流れに任せて移動します。

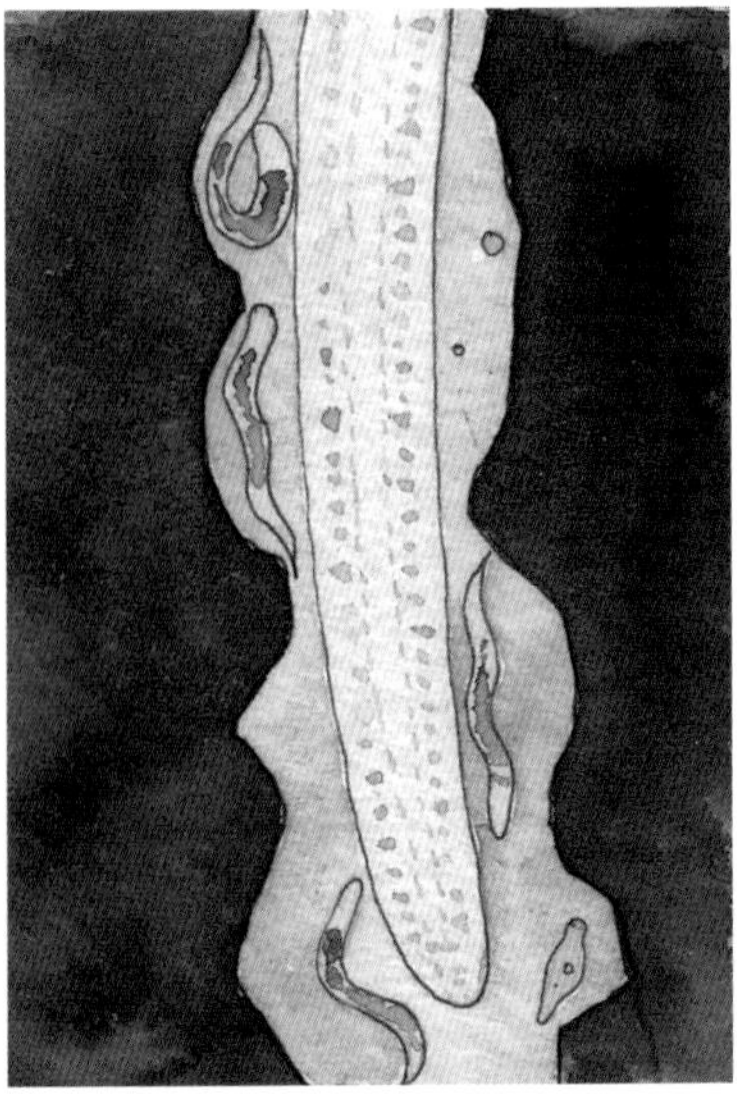

乾燥から素早く逃げられない代わりに、乾燥した環境では休眠するなどしてしのぐ（乾燥耐性をもつ）ものが多いことも特徴です。土壌の中でも完全に乾くことの少ないコケの周りや植物の根の周り（「根圏」といいます）に主に分布しています。

①　原生生物　――植物でも動物でもない単細胞の生き物

↓口絵p.i

原生生物は、植物界にも動物界にも菌界にも属さない単細胞の真核生物の総称です。[*7] アメーバや繊毛虫《せんもう》、鞭毛虫《べんもう》、藻類、変形菌類などさまざまな種類の生物を含みます。能動的に動けるもの、動けないもの、光合成する生産者や、捕食者など、機能の面でもさまざまなグループを含みます。

例えば、藻類など、植物のように光合成をする機能をもつものもいますし、アメーバなど他の原生生物を捕まえて食べるものもいます。アメーバは形を自由自在に変えながら土壌中の小さいすきまにもその腕を伸ばして獲物を捕ることができます。一方で、変形菌類のような、アメーバのように動いて捕食行動をする時期とキノコのような子実体をつくる時期がある、特殊なライフサイクルをもつものもいます。繊毛虫や鞭毛虫は基本的に土壌粒子上の水膜の中に生息し、繊毛や鞭毛といった毛を使って能動的に動くことができます。

土壌中に生息する原生生物は、特に根圏に多く生息し、多くが菌や他の原生生物よりも小さい細菌を食べています。微生物食者のところで説明したように、微生物を選択的に食べることで根圏の微生物の構成を変え、分解や根の発達に影響を及ぼすことが知られています。

＊7　真核生物　細胞内に核という遺伝情報をもつ細胞小器官を有する生物。多細胞生物のほとんどは真核生物。細胞内に核をもたない細菌などの生物は原核生物という。

②　クマムシ　――想像を超えた環境で生きられるすごい生き物　→口絵ｐｉ

クマムシは、緩歩《かんぽ》動物門（「門」は生物分類階級の一つ）＊8というグループに属する動物の総称です。八本の短く太い脚でゆっくり歩く姿が熊のように見えることからこの名前がついています。

クマムシは、土壌の液相部分だけでなく、海水にも川や池などの淡水にも分布し、深海や温泉の中に至るまであらゆる環境に生息しています。陸地では、コケの上にいることが多く、英語では「コケの子豚（moss piglet）」と呼ばれることもあります。

クマムシは乾燥を嫌いますが、乾眠と呼ばれる仮死状態に入ることができれば、代謝がほぼ止まり、体内の水分が一％以下の状態で一〇〇年以上生きることもできるので、乾燥に強いともいえます。

また、放射線や圧力にも強く、宇宙空間でも生きられます。加えて、マイナス二七三℃から一五〇℃までの幅広い温度耐性をもつことも知られており、人の想像を超えたすごい生き物といえるでしょう。

餌生物に歯針（口針）を突き刺し、そこから中身を吸引するという方法で、藻類やコケ、センチュウなどを食べていることが知られていますが、食性（何をどう食べるか）が判明している種は多くありません。現時点では世界中で一二〇〇種程度に種名がついており（種名をつけることを専門用語で「記載する」といいます）、世界的な分布を示す種（「コスモポリタン種」といいます）が多く含まれます。

＊8　生物分類階級　分類学で用いられる階級で、伝統的に種・属・科・目・綱・門・界の七つを基本とする。種を最小単位とし、上位階級ほど様々な生物を同じグループに含む。

③　センチュウ　――多様な戦略であらゆる場所に生息する　→口絵p.i

センチュウは、線形動物門というグループに属する動物の総称です。

海洋や湖などの水界や、土壌の液相部分に生息し、自由生活性（他の生物に寄生せずに、単独で生きる性質）の種類だけでなく、寄生性の種類も多いことが特徴です。

自由生活性のセンチュウには、さまざまな食性をもつものが含まれ、口器と食道の形態の違いから細菌食性、菌食性、捕食性、雑食性などに分けることができます。捕食性の種は、別種のセンチュウや、原生生物、クマムシ、ヒメミミズなどを食べています。

寄生性のセンチュウには、動物に寄生する種と植物（特に植物根）に寄生する種がおり、さまざまな寄生の強度や形態を示します。いずれも他の生物の体内に入り込んで養分やエネルギーを吸収して生育します。寄生性の種は、宿主（寄生の相手）に病害を引き起こすことも多く、害虫とされることがあります。

陸生（陸地に住む）のセンチュウですでに約二五〇〇〇種が記載されており、地球上で最も種数の多い動物といえます。クマムシと違って、コスモポリタン種はそれほど多くなく、さまざまな環境に適応して種を増やしながら分布拡大に成功してきた分類群です。

一方で、センチュウもクマムシと同様に、宇宙空間でも生きられるといわれています。環境が厳しくなると休眠に入り、代謝の止まった仮死状態に移行できるものが多く、乾燥や凍結、浸透圧などの環境ストレスに強いからです。

2　メソファウナ
――体の幅が二ミリメートル以下の虫

体幅二ミリメートル以下のメソファウナは、土壌中のすきまを移動しながら生息しています。移動能力（移動スピードや移動量）は、分類群によって異なりますが、ほとんどのメソファウナは土壌構造を壊したり改造したりすることはできません。つまり、住み場所の物理的構造に強く制限を受けているという特徴があります。主に菌や腐植を食べていると考えられていますが、細菌、藻類、植物の根を食べるものや他の動物を食べる捕食性のものもいます。

① ヒメミミズ　――体の節が分かれて増殖することも　↓口絵p.i

ヒメミミズは、環帯類に属する一つの科の名称です。同じく環帯類に属するミミズとよく似て、環状の体節が長く並んだ構造をしていますが、体長が数ミリメートルから数センチメートルと、とても小さいことが特徴です。

多くのメソファウナと同様に、土壌表層の有機物層に集中して生息し、菌糸や細菌、腐植を食べています。

特に北方にある酸性の湿原など、有機物が豊富に蓄積した湿った場所に多く生息しています。そのような場所では、一平方メートルあたり数万から数十万個体になることもあります。個体数の多さに反して種数は少なく、多くの場合、一か所に数種程度しかみられません。現在、世界中で七〇〇種ほどが記載されています。

メソファウナにしてはめずらしく、土壌を掘って進む性質をもつことから、生態系エンジニアとしても知られます。

繁殖様式は多様で、メスとオスによる有性生殖[*9]、一個体による単為生殖[*10]の他、体節が切れて各節が一つずつの個体に成長する無性生殖[*11]も行います。

---

*9　有性生殖　オスとメスなど、二つの個体や細胞が、受精または接合することによる生殖・繁殖様式。両親とは異なる新たな遺伝子の組み合わせをもつ個体が生まれるため、遺伝的な多様性

をもたらす。

＊10　単為生殖　有性生殖を行う生物のメスもしくはオスが単独で受精を経ずに子孫を残す方法。

＊11　無性生殖　分裂など、一つの個体が単独で新しい個体を形成する方法。別個体と出会い受精する必要のある有性生殖に比べて、時間やコストがかからず、個体数の増加が容易であるが、遺伝的な多様性が生じないために環境の変動に適応できないというデメリットがある。

②　トビムシ　――お尻にあるバネで飛び跳ねて逃げる　↓口絵ｐⅱ

脚が六本で翅《はね》のないトビムシは、以前は無翅《むし》昆虫（翅をもたない原始的な昆虫の総称）に分類され、約四億年前の古生代デボン紀から出現していた最古の昆虫と呼ばれていました。現在は、内顎綱《ないがくこう》という、口器が頭部の中に格納されたグループに分類され、顎が外側に出ている外顎綱《がいがくこう》（昆虫綱）と区別されています。

土壌中の節足動物[＊12]の中でダニ類に次いで優占し、森林土壌においては一平方メートルあたり数万個体になることが多い分類群です。種数も一平方メートルあたり数十種みられることが多く、現時点で約八五〇〇種が記載されています。

胴体の末端には跳躍器と呼ばれるバネのような役割をはたす器官がついており、この器官で飛び跳ねることがトビムシ目という名前の由来になっています。一方、腹部の第一節（腹の前方部分）に体内の水分や浸透圧を調整する粘管という器官をもったため、粘管目という呼び名もあります。

トビムシは、生まれた時から成虫とほぼ同じ形態をしており、数回脱皮をして成虫になった後も、死ぬまで脱皮を繰り返して大きくなり続けます。定期的に産卵を続けるというのも特徴の一つです。一度の産卵数は一〜数十個で、年に何度産卵するかは、種や環境条件によります。繁殖様式は、有性生殖・単為生殖ともみられますが、有性生殖の場合も、多くの種で、オスが土壌中に立てた精子胞を通りがかったメスが拾うという間接受精がみられます。この間接受精は、オスとメスが出会うことが難しく、かつ湿った環境が維持されやすい土壌では理にかなった生殖様式で、多くの土壌動物にみられます。

菌糸や胞子など微生物や、腐植を食べるものが多いといわれますが、藻類やセンチュウ、他のトビムシを食べる捕食性のものもいます。基本的に雑食性の種が多く、種による食性の違いはあまり明瞭ではありません。しかし、一般的には微生物食者としての役割に注目が集まることが多いようです。

ほとんどのトビムシが生息する土壌の有機物層は、多くの場合、数センチメートル

しかありませんが、その中でも、種によって住む層が分かれています。

表層に近いところに住む表層性種ほど体が大きく、カラフルで、移動能力が高いのに対して、下の方に住む土壌性種は、肉眼では見えないほどに小さく、色が白く、眼や跳躍器も退化してなくなっていることが一般的です。繁殖のしかたも、表層性の種はオスとメスによる有性生殖のものが多いのですが、下層に行くほど移動が難しくオスとメスが出会う確率も低くなるせいか、土壌性種は単為生殖になるなど、土壌構造の制約がトビムシの形態や行動、生活史全般にかかっています。種によって明瞭な違いがみられないことの多い食性も、表層性種に比べて土壌性種のトビムシの消化管内ほど腐植の割合が高くなるなど、住んでいる層の影響はみられます。

ただし、降雨や乾燥の影響で垂直方向の移動がみられることもあり、トビムシは常に同じ層にいるわけではありません。乾燥に耐えるため、夏は地中深くにもぐり休眠する種や、木に登る性質をもち、天候や季節によって樹上と土壌を行き来する種もいます。

種によっては氷や雪の上でも凍らずに生きられ、また重金属汚染や放射能汚染に強いなど、さまざまな耐性を獲得することにより世界中どこにでも分布している分類群でもあります。

しかし、概して、乾燥にはめっぽう弱く、夏に日照り等が続くと土壌からいなくなってしまいます。同じ栄養段階にいるササラダニと違って、体表が硬い殻で覆われていないということが、特に乾燥に弱くなってしまう理由でもあります。体表が比較的柔らかいということは捕食者に狙われやすい理由にもなっており、陸のプランクトンとも呼ばれるトビムシは、多くの土壌動物の餌として機能しています。

＊12　節足動物　昆虫やクモガタ綱、多足類など、クチクラという硬い膜でできた外骨格と関節をもつ動物のグループ。生物分類階級のうち門に相当し、節足動物門は動物界最大の門である。

③　ダニ　――土壌中で最も優占する節足動物　→口絵ｐⅱ〜ⅲ

脚が八本のダニは、クモと同じクモガタ綱に属し、土壌でその個体数と種数ともに最も多い節足動物です。トビムシと同じく、約四億年前から出現していたとの記録があります。

人や動物に寄生して吸血する大型のマダニは、人に病気を媒介することもあるためによく知られています。一方で、土壌にいるダニの多くは、ケダニ、トゲダニ、ササラダニ、コナダニという種類（亜目）で、マダニよりもっと小さく、多くが分解者としてはたらいています。土壌性のダニは現在約四〇〇〇〇種が記載されています。

その中で、最も優占するのはササラダニで、トビムシと同様、菌や腐植を主に食べ、藻類やセンチュウを食べるものもいるといわれます。雑食性の種もいますが、ササラダニの場合、口器の形態（とくに鋏角《きょうかく》という口の直前にある一対のはさみ型の付属肢

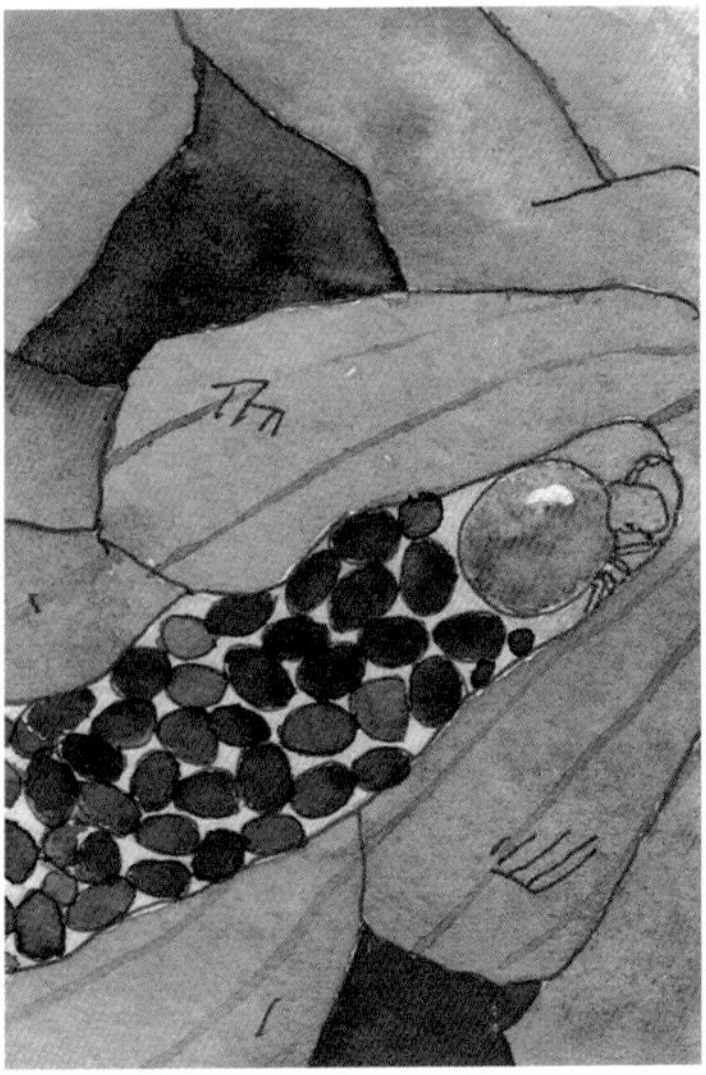

の形態）から種ごとの食性を大まかに分けることができます。

　トビムシと同様、ほとんどの種は自ら土やリターの構造を壊すことができないのですが、中には、針葉樹などのリターに穿孔《せんこう》し（内部に入り込み）、中身を食べる種がいます。このようなササラダニがいると、落ちたばかりの時から外見が変わらないリターでも、中身が糞に変わっていることがあるようです。この穿孔性の種に限らず、ササラダニには落葉を食べて、卵形の壊れにくい糞をたくさんして土壌構造をつくっていくものが多くいます。そんなササラダニは、落葉変換者であり、かつ生態系エンジニアとしての役割ももっているといえます。

　卵からかえったばかりの幼虫は三対の六本脚ですが、四回脱皮を繰り返す間に八本脚の成虫になります。一度の産卵数は一～三個と少ないのですが、成虫になった後、何度も産卵を繰り返す点はトビムシと同じです。

　トビムシとの大きな違いは、カルシウムが含まれた硬い外骨格に覆われた種が多く、捕食されにくいという点です。敵に対して、アルマジロのように脚をすべて体内にひっこめて硬い殻で覆われたボール状の防御態勢をとれる種もいます。色とりどりのトビムシに対して、ササラダニは褐色のものが多く、動きも遅いという特徴があります。そのため、土の中で見つけることが難しく、このことも捕食の回避につながっていると考えられます。

ケダニやトゲダニには捕食性の種が多く含まれます。ケダニが、トビムシのように体が柔らかく敏捷《びんしょう》な動きをするのに対して、トゲダニは、ササラダニのように硬い体をもちます。また、ケダニは白や無色から赤や黄色までさまざまな色をもちますが、トゲダニはササラダニ同様、褐色のものが多いという対比も見られます。トゲダニは一般にササラダニに比べて強大な脚と爪をもち、鋏角と触肢（ひげのような触角のはたらきをする器官）からなる口器が長く、大きく露出しています。ケダニもトゲダニも、捕食性で体が大きい種は、トビムシやダニ、またそれらの卵を食べることが多いのに対し、小さい種は主にセンチュウを食べているといわれます。

土壌性のダニの中で、通常、一番個体数の少ないコナダニは、コナダニにとって好ましい条件が揃うと増殖率が極めて高くなり、そのため、場合によってはそこにいる生物の中で一番優占することがあります。土壌中では菌やリターを主に食べるといわれますが、湿度が高く有機物の量が多い環境を特に好み、農地や穀物貯蔵庫などで害虫化することがあることも知られています。コナダニの中にはネズミやモグラなど、土壌中の哺乳類の巣穴に特化して住むものもいます。また、コナダニは、他の動物の体に便乗して移動したり、寄生したりするステージ（生活史上の時期）をもつものが多いことが特徴です。

④ カニムシ ――ハサミを駆使する強力なハンター ↓口絵p iii

ダニと同じくクモガタ綱に属し、八本の脚をもちます。体長は二～五ミリメートルと小さいのですが、大きなハサミ状の触手をもつ強力な捕食者です。トビムシやダニ、昆虫の幼虫などさまざまな動物を捕食することが知られています。

ハサミがよく目立ち、尾のないサソリのようにも見えることから「偽サソリ（Pseudoscorpiones）」という学名がついています。カニムシという和名もこのハサミに由来します。ハサミは、獲物を捕まえる他、捕食者からの防御に使ったり、交尾におけるダンスをしたり、哺乳類や昆虫に便乗して移動する際にそれらの毛や脚をつかむなど、さまざまな用途に使われます。

個体数は一平方メートルあたり三〇〇個体以下とそんなに多くないのですが、南極や北極を除く世界中に分布し、三四〇〇種ほどが現時点で記載されています。ほとんどのメソファウナが、産卵では卵を土壌に産みつけた後放置しますが、カニムシのメスは腹部下の孵卵《ふらん》室に一〇〜四〇個の卵を産み、幼虫が脱皮するまで子育てをする性質をもちます。

⑤ カマアシムシ　――眼も触角もない、鎌状の脚をもつ虫　↓口絵p iv

体長一〜二ミリメートルと小さく、体色は淡黄褐色を帯びた透明色のものが多いです。トビムシと同様、口器が頭部の中に格納されたグループ、内顎綱に分類されます。脚は六本で、翅《はね》がなく、眼や触角もありません。前方の脚を触角代わりに使っており、この脚が鎌のように曲がっていることから、カマアシムシと呼ばれます。

南極や北極を除いた世界中に分布し、七〇〇種以上が記載されています。通常、一平方メートルあたり数百から数千個体のことが多いのですが、森林伐採などの人為攪《かく》乱《らん》が進んだ場所や荒廃した土壌からはいなくなってしまうことが知られています。

適度な湿度があって有機物が蓄積した土壌に多く、植物の根の周りにも多いことが知られます。食性や生態に関して明らかになっていることが非常に少ない生き物ですが、菌根菌（後の88ページに出てくる植物の根と共生関係にある菌）の菌糸を主に食べていると考えられています。

⑥ コムシ ――数珠のような長い触角をもつ

↓口絵p iv

トビムシ、カマアシムシと同様、口器が頭部の中に格納されたグループ、内顎綱に分類され、脚が六本の小型節足動物です。翅《はね》や眼はありませんが、数珠状の長い触角をもちます。一対の尾角をもち、その形態は種類によって異なります。

多くは体長二ミリメートルから二センチメートルほどですが、最も大きい種では八センチメートルに至ることもあります。トビムシやカマアシムシは大きくても一センチメートルに満たないので、この体長の幅の広さはコムシ目の特徴でもあります。

現時点で一〇〇〇種ほど記載されており、世界中どこにでも生息していますが、個体数はそこまで多くありません。一平方メートルあたり数百個体か、百個体以下にとどまります。

デトリタスや植物の根を食べることが多いといわれますが、菌類を食べたり、センチュウやヒメミミズ、小型節足動物を食べる捕食性のものもいます。トビムシやカマアシムシに比べると捕食者としての役割が大きいといえます。

⑦ コムカデ、エダヒゲムシ
――白く透き通った、足の少ない多足類　↓口絵p.iv〜v

ムカデ、ヤスデとともに多足類に分類されますが、細長い体に多数の歩脚《ほきゃく》をもつことが共通しているだけで、この四種類は食性など、多くの性質が異なります。その中で、コムカデとエダヒゲムシは、それぞれ体長一センチメートル以下、二ミリメートル以下と小さく、多くが白く透き通った体をもちます。脚の数はコムカデで一二対、エダヒゲムシで九対のことが多く、ムカデやヤスデに比べて少ないことが特徴です。

両者とも眼はなく、コムカデはコムシに似た数珠状の触角をもち、エダヒゲムシは枝のように複雑に分岐した触角をもちます。

世界中の土壌に分布し、コムカデ綱は二〇〇種ほど、エダヒゲムシ綱は九〇〇種ほどが現在記載されています。個体数に関しては、コムカデは一平方メートルあたり千個体を超えることもありますが、エダヒゲムシは多くても一平方メートルあたり数百個体といったところです。

どちらも食性や行動についてはほとんど分かっていません。コムカデはデトリタスや菌類に加えて、根を食べる種もあり、圃場《ほじょう》（農産物を育てる場所）では害虫化することもあるそうです。エダヒゲムシはデトリタスや菌類に加えて、動きが俊敏なことから、他の土壌動物を食べる捕食者の可能性もあると考えられています。

3 マクロファウナ ――体の幅が二ミリメートル以上の虫

体幅二ミリメートル以上のマクロファウナは、土壌に穴を掘ったり、土壌構造を壊したりしながら移動できるものが多く存在します。食性は、落葉や腐植、腐肉といった植物性・動物性のデトリタス全般に加えて、根や土壌粒子を食べるもの、また、捕食性のものも多く、多岐にわたります。

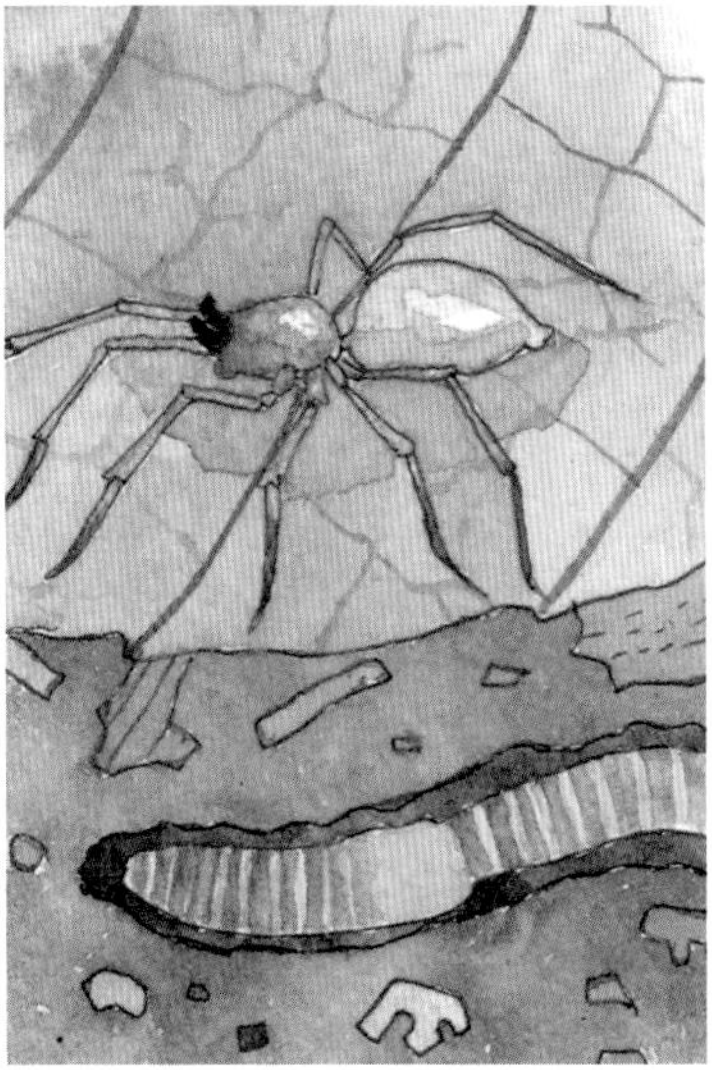

① クモ ――土の中のトッププレデター ↓口絵pv

八本の脚をもつクモガタ綱の代表です。ダニやカニムシと異なり、前体部（頭胸部）と後体部（腹部）の間が細くはっきりとくびれていることが形態的な特徴です。

体のサイズにはとても大きな幅があ

り、一ミリメートルに満たない種から三〇センチメートルに至る種までいます。通常、四個ずつ二列に並んだ八個の眼をもち、口器（鋏角）の基部（根もと）には毒腺をもちます。腹部の先端には糸を出す器官があり、ここから糸を出して、獲物をとるための網を張ったり、空中を飛んで移動したりするのに用います。

南極や北極を除く世界中に分布し、五〇〇〇〇種を超えた種が記載されています。多くの種は地上でみられますが、地表やリター層、さらに下層の土壌中に分布するものもいて、土壌における主たる捕食者として機能しています。

リターのすきまに網を張って定住し、待ち伏せ型で餌をとるものや、表層やリターの間を徘徊して獲物を探し回るハンタータイプのものがいます。前者には体長数ミリメートルの小さい種類が多いのに対し、後者は比較的大型で高い移動能力を示す種類が多くなっています。多くのクモが、トビムシやヒメミミズ等のメソファウナからヤスデや小型のムカデ、ハエ目等の幼虫など、さまざまな分類群をあまり選ばずに手あたり次第に捕食していると考えられています。森林の林床からクモを取り除くと、トビムシの個体数が増加することが実験的に知られており、捕食者として餌分類群の個体数調節に役立っているともいえます。

一方で、クモは土壌のトッププレデター（一番上位、頂点に位置する捕食者）ではありますが、クモ自身の天敵に両生類や爬虫類、鳥類の他、ムカデや地表性甲虫、別種のクモがおり、食べられることもそこそこあります。また、縄張り行動とダンスなど複雑な儀式をともなう繁殖行動をもち、これらの性質は結果的に個体群[*13]サイズ（同じ種からなる集団のサイズ）の自己調節にもつながっています。つまり、餌生物が豊富に存在したとしても無制限に増えることはできないのです。

＊13　個体群　生態学が対象とする生物（集団）の基本単位（個体・個体群・群集）の一つ。ある空間に存在する同一の種の個体の集団を指す。一方、群集は、様々な種からなる個体群の集合体を指す。

②　ムカデ　——待ち伏せと毒で獲物を捕らえる　↓口絵ｐⅴ

多足類の主要メンバーで、クモと並んで土の中のトッププレデターです。他の多足類と同様、南極以外の世界中の陸域に分布しています。ムカデ綱という分類群に属するものの総称で、およそ三〇〇〇種が記載されています。

人が家屋等でたまに目にするゲジ（ゲジゲジ）や毒性の強いオオムカデは、乾燥に強く、実は土壌ではあまりみられません。土壌に生息する主要なムカデは、比較的サイズの小さいイシムカデ目とジムカデ目で、一平方メートルあたり数十～数百個体ほど生息しています。ただし一平方メートルあたり二〇〇個体を超えることは稀だといわれます。オオムカデは、土壌表層を移動している様子もたまに見られますが、通常は土壌よりも朽ち木や切り株に住んでいます。一方で、イシムカデとジムカデは、土壌に一様に分布（集中分布ではなく不均一性が比較的低い分布のさま）しており、次に述べるようにそれぞれが対照的な形態的・生態的性質をもっています。

イシムカデは脚が一五対しかなく、体長は二・五センチメートル以下とムカデ綱の中で最も短い分類群です。土壌表層を敏捷に動き回り、乾燥から逃避したり、獲物を追いかけたりすることが得意です。ジムカデは体長が五センチメートルほどになり、脚は三一対以上、多いもので一〇〇対を超えます。脚の長さは短く、細いひも状の体形をしています。イシムカデほど水平方向の歩行速度は高くありませんが、地中深くにもぐるなど土壌中の垂直移動に長《た》けており、イシムカデが土壌表層でしかみられないのに対し、ジムカデは表層でも土壌中でもみられます。細長い体だけでなく、後ろ歩きが得意であることなど、土壌粒子がつまった土壌中で生きていくのに適した性質をもっています。

イシムカデもジムカデも捕食の方法は基本的に待ち伏せ型と考えられています。ムカデは、口器の近く、胴体の第一節から生える顎肢《がくし》という器官に毒腺をもっており、近づいた獲物をこの顎肢で突き刺し、毒を注入してから食べます。トビムシやヒメミミズ、ダニ等のメソファウナに加えて、クモやワラジムシ、ミミズ等、大きなマクロファウナも捕食することが知られています。

繁殖様式は有性生殖で、イシムカデが卵を一個ずつ土壌中に産み落とすのに対して、ジムカデは一〇個以上を一気に産んで抱卵することが知られています。イシムカデは卵を一個ずつ土の粒子で覆うのに対し、ジムカデは卵が土に触れないようにとぐろを巻いて卵を抱きかかえます。全く異なる方法ではありますが、両方とも卵を病原菌や外敵から守ることに役立っているようです。

③　ヤスデ　――大量の落ち葉を食べて自分の糞も食べる　↓口絵ｐⅵ

ムカデと同じ多足類の代表格であるヤスデは、落ち葉を食べる落葉変換者です。年間落葉量の一〇〜一五％を消化・粉砕していると見積もられており、落葉が分解されていくプロセスにおける主要な貢献者といえるでしょう。個体数の多いところでは四〇％の落葉を食べているともいわれます。

世界中に分布しますが、ある地域だけに住む固有種が多く、およそ一二〇〇〇種が記載されています。個体数は一平方メートルあたり数十～数百個体で、土壌表層にのみ分布するものから、表層から土壌中の深いところまで分布するものまで、さまざまな性質をもつ種類がいます。体表に、ワックス層と呼ばれる水分の蒸発を防ぐ役割をもつ層がなく、乾燥にはきわめて弱いことが知られています。

形態的にムカデと大きく異なる点は、ムカデが一つの節から脚が一対出ているのに対して、ヤスデは一つの節から脚が二対出ている点です。また、ヤスデは、捕食者であるムカデと違って毒腺をもつ顎はもちませんが、各体節に臭腺（毒腺）があり、驚くと毒性のある臭気を出します。加えて、俊敏な動きはあまり見せず比較的ゆっくりと歩行し、驚くと腹側に曲がったり丸まったりして防御姿勢をとる傾向にあります。

しかし、最大の天敵は両生類や鳥類であり、落葉食という低次の栄養段階に属するにもかかわらず、土壌中の腐食連鎖を下層で支える餌生物とはいえません。

ヤスデは落ち葉を食べますが、落ち葉の種類に対して好き嫌いを明瞭にみせることが特徴です。植物は、種によって葉に含まれる養分量や葉の硬さなどが異なります。

その植物種間の違いは枯死した後の落ち葉にも引き継がれます。ヤスデは、その大きな体の殻をつくるのに必要なカルシウムが多く含まれた落ち葉を好み、カルシウム含量の高い森林で個体数が多くなることが知られています。一方で、植物が虫に食べられないように生成するタンニンなどのポリフェノールを多く含んだ落ち葉を避ける傾向にあります。こうした落ち葉に対する好き嫌いはヤスデの種によって傾向が異なり、落葉広葉樹の落ち葉を好むものも、落葉広葉樹より針葉樹の落ち葉を好むものもいます。

ただ、共通して、落ちたばかりの落ち葉はあまり好まず、分解が少し進んだものを微生物と一緒に食べ、出した糞をさらに食べるという性質をもちます。落葉食者の消化効率は二〇％程度と低く、大量の糞を出します。しかし、一度消化管を通って細かく粉砕され、大量の微生物と混ざった糞は、リターそのものよりも栄養価の高い食物とな

ることがあります。糞食は、リターのように生物が利用しにくい餌の消化効率の悪さを補うための重要な食性と考えられています。

④ ワラジムシ ——水界と陸域の中間的性質をもつ土壌で繁栄 ↓口絵p vi

ワラジムシ目は、ワラジムシの他、体を丸めて団子のような形状になれるダンゴムシや、海岸でみられるフナムシも合わせた総称です。エビやカニなど水界生物を主とする甲殻類に含まれますが、陸上生活に適応した種類を多く含んでいます。フナムシ科は海水に適した性質をもちますが、ヒメフナムシ属をはじめ、森林土壌に完全に適応したものもいます。依然として乾燥には弱いのですが、クチクラという水分の蒸発を防ぐ膜で覆われた体表や、乾燥しがちな昼間は動かないという夜行性、ダンゴムシにみられる丸まる性質など、陸上生活ができるまでの乾燥耐性を獲得したといわれています。

今では、海水がかかる潮上帯（海水に直接浸らないが、波しぶきを浴びる場所）から標高の高い高山帯まで、また、砂漠をも含む世界中に分布し、四〇〇〇種ほどが記載されています。生息密度は、温帯の森林や草地で高く、一平方メートルあたり数百個体から千個体にのぼることもあります。

繁殖様式はメスとオスによる有性生殖で、卵はメスの腹側にできる保育室に産み落とされ、幼虫が自活できるまで子育てをすることが知られています。

ヤスデと同様に落ち葉を食べ、ヤスデに次いで重要な落葉変換者としてはたらいています。また、ワラジムシも落ち葉の好き嫌いがはっきりしています。微生物による分解が少し進んだリターを好み、タンニンやリグニン含量の高い落ち葉は好まないこと、また、リターよりも糞を好むことなどが知られています。

⑤ ミミズ ——土壌を耕しながら大量に食べる「大地の腸」 →口絵p vi

ヒメミミズと同じく環帯類に属し、たくさんの環節と呼ばれる体節からなる細長い体をもちます。脚はありませんが、体の表面は細かい剛毛に覆われ、移動する際に役立っています。体長は数センチメートルのものから二〜三メートルになるものまでと幅広いのですが、多くは五〜一五センチメートルほどの長さに収まります。

ミミズは雌雄同体で、一つの個体が精巣や卵巣など雄雌両性の器官をもちます。単為生殖を行う種もみられますが、二個体が交尾し精子を交換する有性生殖が一般的です。

砂漠やツンドラ地帯を除く世界中に分布し、六〇〇〇種ほどがすでに記載されています。生息密度も一平方メートルあたり一〇個体以下から二〇〇〇個体までと幅広いのですが、温帯の落葉広葉樹林や熱帯雨林、農地では一平方メートルあたり一〇〇〜四〇〇個体ほどになることが多いようです。

ミミズは、その生活型や住み場所で大きく三タイプあり、表層性種と地中性種、表層採食地中性種に分けられています。

○表層性種のミミズ
　地表近くのリターが降り積もる土壌有機物層に住み、少し分解の進んだリターを好んで食べます。

○地中性種のミミズ
　鉱物質層に住み、有機物が混ざる鉱物質土壌を食べます。深さ三〇〜六〇センチメートルと深い層に住む種もおり、基本的に地表に出てくることはなく、地中に水平方向の坑道を掘って暮らしています。

○表層採食地中性種のミミズ
　地中と地表をつなぐ垂直方向の坑道を掘り、表層にあるリターと土壌を一緒に食べます。

表層にあるリターを土壌中に引き込むため、土壌の耕耘《こううん》作用をもつともいえます。

トビムシなど、土壌構造を自ら壊すことのできないメソファウナは、すきまの大きな表層に近い所にサイズの大きな種が分布しています。一方で、ミミズは坑道を掘る地中性種や表層採食地中性種ほどパワーのある大きな体サイズのものが多く、坑道をあまり掘らない表層性種は小さい傾向にあります。

ミミズは、たとえ表層性種であっても、多くの種がリターと一緒に鉱物質土壌を食べています。これは、体内でリターをすり潰すのに土壌粒子を使っているためと考えられています。このようにして消化管を通って出された糞は、有機物と土壌粒子が混合され、ミミズの粘液によって固められた団粒構造をもちます。この団粒は、大小の孔隙《こうげき》（すきま）を含む複雑な微細構造をもち、土の中に水と空気の両方を蓄える能力をもっています。したがって、ミミズのいる土壌では保水性が向上し、微生物やミクロファウナの生息場所も増えるのです。

団粒構造は安定性が高くて壊れにくく、長期的に土壌構造に影響するため、ミミズは代表的な生態系エンジニアとして知られています。また、ミミズが移動のために掘る坑道もミミズの主要な生態系改変の一つです。この坑道にはミミズが体表から分泌する粘液が浸透しています。この粘液には多糖類や窒素が多く含まれているため、それらを餌として坑道の微生物の活性が高まり、トビムシなどの他の土壌動物が集まってくることも知られています。

ミミズは自らの重量の二〇倍から三〇倍の土壌を毎日摂食するといわれており、温帯の草原では毎年一ヘクタールあたり四〇〜七〇トン、熱帯の草原では毎年一ヘクタールあたり五〇〇〜一〇〇〇トンもの土壌を食べ、糞に変えています。このように、ミミズは「大地の腸」とも称されるほど、リター分解と土壌形成に主要な役割を果たしており、ミミズがいる土壌では土地が肥沃になり植物の成長が促進されることが広く知られています。

⑥ シロアリ ——土壌動物随一の分解能力をもつ ↓口絵p vii

シロアリは名前にアリと入りますが、アリとは分類群が全く異なり、ゴキブリ目シロアリ科に属します。血縁関係のある集団、つまり家族で協同して巣をつくって一緒に暮らす社会性昆虫の代表です。生殖虫である女王と王を中心に、働きアリや兵アリ、次世代の生殖虫になるニンフや羽アリ達からなる大きなコロニーを形成します。

働きアリは卵や幼虫の世話、食料調達、巣の建設や修復などを担い、兵アリは侵入者から巣を防衛する役目をもちます。働きアリと兵アリは形態が大きく異なり、兵アリは大きな頭部や牙など、闘いに特化した形態をもつことが多くなります。

世界中で二七〇〇種ほどが記載されており、熱帯雨林や熱帯サバンナ、乾燥地など暖かい地域に広く分布します。温帯域には少なく、また、それよりも寒い地域や南極・北極などには生息していません。

シロアリは強力な落葉食者であり、かつ、巣や坑道をつくる能力から、主要な生態系エンジニアでもあります。したがって熱帯域において、乾燥に弱いミミズの代わりの役割を担っているともいえます。ミミズとシロアリの両者ともが分布する地域においても、同じ場所で両方とも生息密度が高くなることはなく、基本的にどちらか一方が優占します。

土壌動物には珍しく、シロアリはセルロース等難分解性有機物を消化できる分解酵素（消化酵素）をもつことが知られています。加えて、腸内に共生関係にある細菌や原生生物を住まわせることで、超難分解性の有機物（リグニンとセルロースの複合体であるリグノセルロースなど）も分解することができ、落ち葉だけでなく木材でさえも消化することができます。

腸内に共生生物をもたないシロアリには、なんと巣の中でリターからキノコを栽培して、そのキノコを食べている種もいます。これもつまり、微生物の力を用いて難分解性の有機物を分解し、そこから養分を得ているということと同義といえます。

ヤスデ等多くの落葉変換者にみられるように、多くの土壌動物は微生物の力を借りて有機物を分解しています。しかし、ほとんどの土壌動物が周りの環境にいる微生物相をあまり選り好みせずに利用しているのに対し、シロアリは特定の微生物を利用するため、分解効率が非常に高くなっています。多くの土壌動物の消化管内の微生物相は周りの土壌の微生物相とあまり違いがないのですが、シロアリの消化管内の微生物相は母から子へと巣内での糞食を通じて綿々と受け継がれてきた微生物相であり、非常に特殊であることが知られています。

この強力なリター分解能力から、木造家屋を分解して壊してしまったり、木材生産の現場で害虫となったりして嫌われることもありますが、自然条件下では往々にして極めて重要な分解者として物質循環のバランスを保つことに貢献しています。

⑦ アリ ――多くが肉食、土の中では狂暴な生き物 ↓口絵ｐⅶ

ハチ目アリ科に属するアリは、人家の近くにも多く、身近な昆虫であると同時に、自然条件下の土壌においても影響力の大きい昆虫です。南極を除く世界中に分布し、一四〇〇〇種ほどが記載されています。特に熱帯地域ではシロアリと同様、種の多様性も生息密度も高く、アマゾンの熱帯雨林では動物のバイオマス（生物体量）の三分の一をアリとシロアリが占めることも知られています。

アリは、シロアリと同じく代表的な社会性昆虫で、血縁者からなるコロニーの中で分業をしながら生活しています。繁殖を担う女王アリの他、巣の防衛や掃除、育児、食料調達などを担う働きアリがいます。いくつかの種では、防衛のための闘いに特化した兵アリがいます。寿命の長い王のいるシロアリと違って、繁殖可能なオスは繁殖期にだけ出現し、交尾後すぐに死にます。多くのアリは土壌中や土の上にいくつもの部屋からできた巣をつくります。各部屋は育児室や食料貯蔵庫、ゴミ捨て場などと役割が分かれており、これらの部屋はトンネルでお互いにつながっています。

この巣の中には好蟻性《こうぎせい》と呼ばれる、アリの巣内でアリと共生したりアリに寄生したりしながら生きるさまざまな土壌動物が住み着いています。例えば、コウチュウ目のハネカクシには好蟻性の種類が多く、アリが好む分泌液を出す代わりにアリに餌をもらったり幼虫の世話をしてもらうものもいるそうです。一方で、好蟻性のシミやダニは、アリの食べ物を横取りするなど、一方的にアリから利益を得ているものが多いといわれます。他にも、アリの巣には、好蟻性ではない土壌動物も多く生息しています。

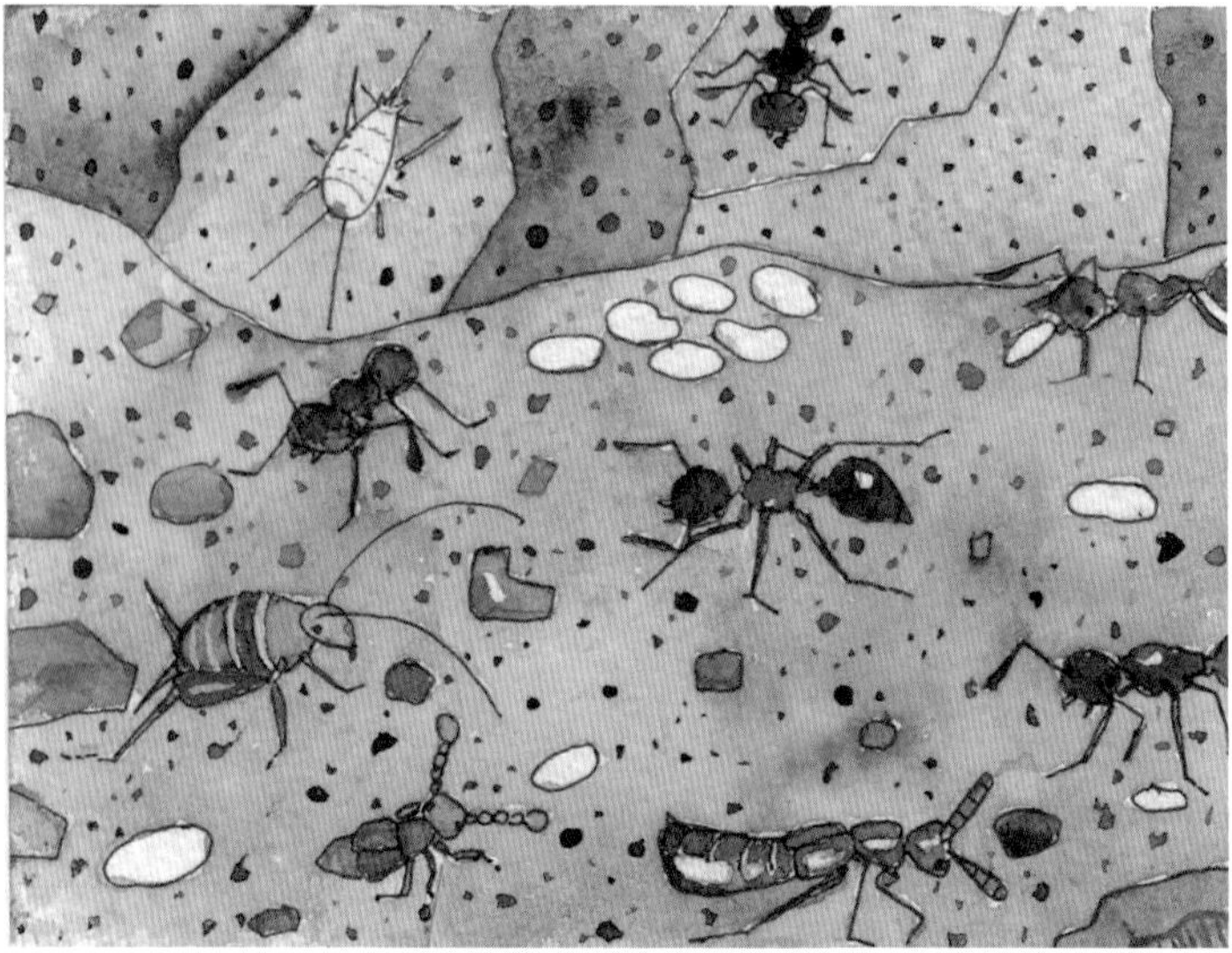

これらは常にアリの巣から見つかるわけではないのですが、湿度等の環境を好んで住み着いているようです。このように、アリが土壌構造の改変を通して他の生物に及ぼす影響はミミズやシロアリに匹敵すると考えられており、アリは主要な生態系エンジニアであるといえます。

しかし、ミミズやシロアリが落ち葉を食べる分解者であるのに対し、アリは、多くが捕食者です。多くのアリが、針をもつか、毒であるギ酸をもっており、土壌中ではとても狂暴な生き物といえます。草食や雑食の種もいますが、肉食のものは、トビムシやさまざまな昆虫の幼虫、ササラダニ等を捕食し、クモやムカデといった大型の捕食者さえ捕食することが知られています。特に、アリは、シロアリの主要な捕食者といわれ、シロアリの個体数を抑制する場合があることも知られています。その場合、分解者のシロアリが減ることで、その場所の分解速度が低くなることもあります。

⑧ さまざまな昆虫の幼虫
――一生のうちの一時期だけ土で過ごし、物質を循環させる

↓口絵ｐⅶ

土壌動物の中には一生のうちの一時期だけを土壌で過ごす虫も含まれます。卵やさなぎの時期、幼虫期、冬季の越冬期間など、虫によってさまざまなタイミングで土壌は利用されます。その中でも特に幼虫期を土壌で過ごすものは、土壌中で摂食活動を行うため、彼らのはたらきを無視することはできません。コウチュウ（甲虫）や、チョウやガ、ハチ、ハエ、カメムシ目など、地上で飛び回っている多くの虫たちの幼虫や幼体が土壌食物網に参加しています。

食性は、デトリタスを食べるものや、他の虫を捕食するものなど多岐にわたりますが、植物の根を食べたり、吸汁したりするものも多いことが特徴です。植物の根に依存する種は植物を枯らしてしまうこともあるため、農業の現場では害虫として扱われ

ることが多くなります。しかし、ある植物が枯れた後には別の植物が新しく定着できるようになるため、植生の遷移[*14]（同じ場所での植物の種の入れ替わり）を促す事例も知られており、自然界においては必ずしも害になるわけではありません。

ハエ目の幼虫には、デトリタス食の種が多く、落ち葉や腐肉の重要な分解

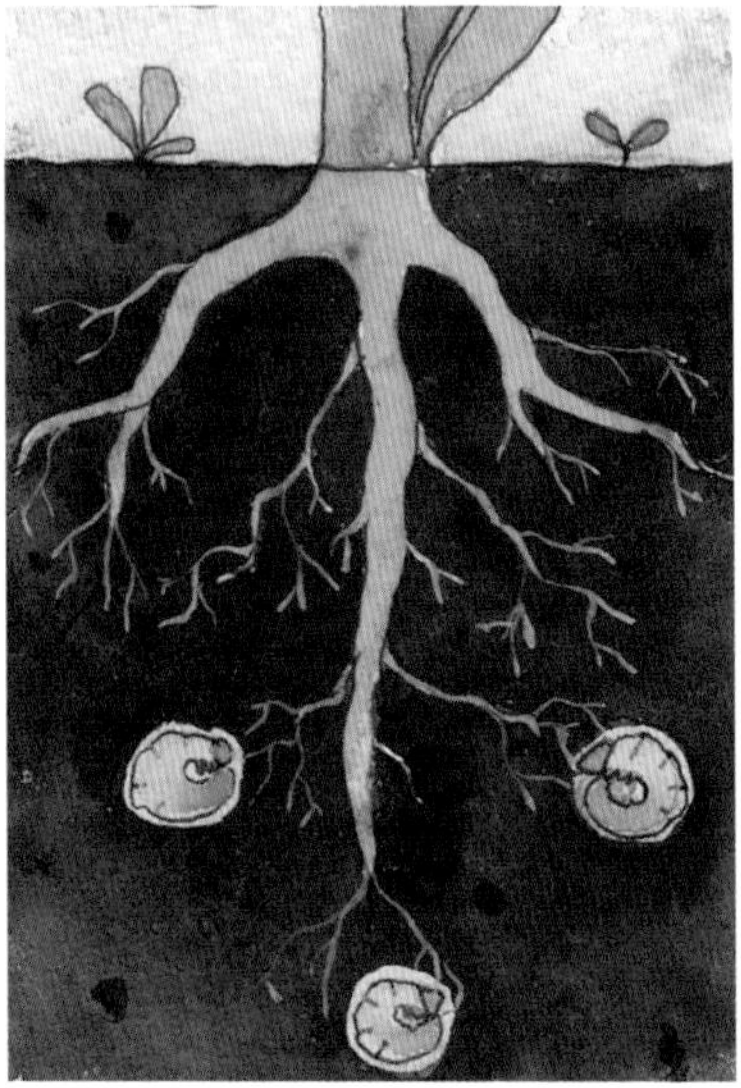

者として知られています。これらの幼虫は脚があまり発達しておらず、幼虫の移動能力は低いことが多いのですが、成虫の移動能力と増殖率は高いため、有機物の多い湿った環境ではおびただしい数が群がることもあります。餌生物としての役割も高く、幼虫の間に土壌中の捕食者に食べられるだけでなく、成虫になり飛び立った後、地上部の捕食者にも食べられます。成虫の体は幼虫の時の食べ物でできているため、このことはつまり、土壌で過ごした幼虫の羽化を介して、デトリタスを起点とする腐食連鎖に地上部の動物が関わってくることを意味します。

余談にはなりますが、腐食連鎖は必ずしも土壌中だけで完結するわけではなく、他にも、木に登ったトビムシやダニを地上部の昆虫が食べたり、ミミズやヤスデ、ムカデを鳥が食べたりすることによって、デトリタス由来の炭素が地上部の生物に引き継がれていきます。

＊14　植生　植物の集まり、つまり植物群集のことを指すが、優占種等によって植物群集を類型化する場合など、主に植物社会学で用いられる用語。

⑨　地表性甲虫　――土に似た地味な色のものがほとんど　→口絵p viii

コウチュウには、前述のように幼虫の間だけ土壌に住むものも多くいますが、その一生を土壌で過ごす土壌性のものもいます。土の中に住むことが多い幼虫に比べて、多くの成虫は地表付近に生息しています。

コウチュウ目は昆虫の中で最大の種数を誇り、三七〇〇〇〇種以上がすでに記載されています。

前翅《ぜんし》（前についている翅《はね》）が硬化して体全体を覆っており、さまざまな色をもつものがいますが、土壌性のコウチュウのほとんどは茶色や黒色です。基本的に地表を徘徊して移動しており、多くのオサムシや一部のハネカクシのように後翅《こうし》（後ろについた翅）や飛翔筋が退化して飛べなくなっているものもいます。

多くの種は捕食者で、トビムシやセンチュウ、ミミズ、カタツムリなどを食べます。土壌有機物層だけでなく、キノコや糞、枯死木に住むものも多く、それらはそれぞれ住みかである菌糸や糞、枯死材を食べています。特に枯死木の初期の分解には多様なコウチュウが関わっており、木材の分解プロセスに大きく貢献していることが知られています。

⑩ ナメクジ、カタツムリ

――食べるものは時と場合によって変わる

→口絵ｐⅷ

軟体動物門の腹足綱（巻貝の仲間）に属します。腹足綱の多くが海などの水界に生息する中で、ナメクジとカタツムリは陸域の土壌を主な生息地としています。

ナメクジとカタツムリの違いは殻の有無で、ナメクジは殻が退化しているものの総称です。カタツムリの殻は捕食者に対する防御に使われています。カタツムリは約二五〇〇〇種が、ナメクジは約五〇〇〇種が記載されています。

植物やリターの他にも、キノコや地衣類（コケに似るが、菌類と藻類の共生体）、腐肉に至るまでさまざまなものを餌とし、同じ種でも生育段階や環境によって食べ物が異なってくることが知られています。食べ物が多岐にわたるため分解系で役割をもつとは限らず、環境によってはその場所の主要な分解者となりますが、主要な植食者となることもあります。ミミズや別種の腹足綱を捕食する捕食者もいます。一方で、オサムシなどの地表性甲虫やハエの幼虫など、さまざまな虫の餌になっていることが知られています。

第3章

「分解」だけではない土壌動物のはたらき

1 根に依存する土壌動物のはたらき

根からにじみ出る粘液や根と共生する菌を食べる虫

土壌食物網が依存している餌は死んだもの（デトリタス）だけではありません。土壌には、藻類や地衣類、植物の根など、枯死物ではない生きた餌（炭素源）も存在します。この節では、その中でも量的に影響力の大きい植物の根に焦点をあてます。

土壌中には、植物の地下部器官である根が、地上部の葉に匹敵するくらいの量で存在しています。生態系における動物のはたらきは、何を食べて何に食べられているかで決まると述べましたが、この生きている根を起点とした土壌中の食物網は、死んだ餌から始まる腐食連鎖とはいえず、どちらかというと生食連鎖に位置づけられるでしょう。ただし、土壌動物の多くは雑食性のため、実際にはデトリタスと根由来の炭素の両方を餌にしている分類群が多いと考えられます。

単純に考えれば、デトリタスと生きている根のどちらの餌に相対的に多く依存しているかで、その分類群の役割が分解者とみなせるかどうかが決まってくるともいえるでしょう。ただし、実際は、根由来の炭素に依存しながら分解に大きく影響を及ぼしているということも頻繁にあって、そこが土の中の複雑なところです。

根を餌にするといっても、一部の昆虫の幼虫や寄生性のセンチュウを除き、根そのものを食べる土壌動物はそんなに多くありません。植物の地上部の葉や幹が食べつくされることが少ないように、植物の根も食べつくされないようにリグニンやタンニンなどを使って防御しているからです。

根そのものよりも、根から随時土壌中に放出されている「根滲出物《ねしんしゅつぶつ》」や、根と共生している「菌根菌」の摂食を通して、根由来の炭素を取り込んでいる土壌動物が多いと考えられます。

これらの土壌動物は、いわゆる「分解者」としての役割をもつとは限りませんが、土壌や生態系の維持に重要なはたらきを担っています。

根から出る液を引き金に根の周りで分解が進む

根滲出物《ねしんしゅつぶつ》とは、植物の根から断続的に放出されている粘液の総称です。

植物の種類や大きさ、環境によってその量や組成は変わりますが、基本的にどんな植物の根からも出ています。多くはアミノ酸や有機酸など、動物が利用しやすい可溶性（液体に溶ける性質）の有機物で、根圏にはこれらを利用する土壌微生物（特に細菌）や土壌動物が多く生息しています。

土壌動物の中では、液相部分に生息する原生生物やセンチュウ等のミクロファウナが多いことが特徴です。直接この根滲出物を吸収するものもいますが、多くが根滲出物を利用して増殖した細菌等の微生物を食べています。

植物が根滲出物を出すのは、根圏の土壌生物に使いやすい有機物を供給して、周りの難分解性のデトリタスの分解を促し、自らが使うことのできる無機態の養分の供給を高めるためと考えられています。

デトリタスの大半を占めるリターには、リグニンやセルロースからなる難分解性の有機物が多く含まれ、これら難分解性有機物の分解酵素をもつ土壌微生物にとっても、その有機物構造を壊して中から窒素等の養分を取り出すのには時間がかかります。

そこにエネルギーとして使いやすい可溶性の有機物が供給されると、微生物は、そのエネルギーを引き金に、難分解性の有機物も効率よく分解することができます。その結果、根の周りで養分の無機化が進み、植物が使える無機態養分が増加するという仕組みです。

根の周りで微生物を食べる虫が植物の成長を助ける

しかし、この根圏で無機化された窒素は、微生物自身も使う必要があるので、植物がすべて吸収できるわけではありません。

そもそも、植物と微生物は、土壌中の無機態養分の獲得において競争関係にありますが、根圏においては、この競争が激化するといわれています。微生物の体は植物体に比べて窒素やリン等の養分濃度がとても高いので、枯死した植物体から養分を取り出さなければならない微生物は、強い養分欠乏にさらされていることが多いのです。

そこに、微生物食者、特に細菌食者の原生生物やセンチュウが存在すると、彼らが細菌を食べることで、微生物が取り込んでいた養分の一部が根圏に解放されて、植物がより多くの養分を利用できるようになることが知られています。

実際に、植物を植えた鉢にこれらの土壌動物を入れると植物の成長がよくなることが知られています。微生物は素早く取り込んだ養分を使って成長と増殖を続けるので、この微生物食者による摂食活動が、植物が利用可能な養分量を決め、植物と微生物の間のバランスをとっているといえます。

菌根菌と植物の共生関係

植物の根に共生して菌根をつくる菌類は菌根菌と呼ばれています。第一章（↓28ページ）で紹介したような、枯死物を分解することによってエネルギーを得ている菌類（「腐生菌」といいます）と違って、菌根菌は植物からエネルギーをもらっています。

植物と菌根菌の間には、植物が光合成によって生産した炭素が菌根菌に供給される

一方で、菌根菌は土壌から植物の根よりも効率よく養分を吸収して植物に供給する、という相利共生関係（お互いに利益を与え合う共生関係のこと）が成り立っています。

陸域のおよそ八〇％にあたる植物種は菌根菌と共生していることが知られており、菌根共生は植物の生育や分布に大きな影響力をもっています。

菌根にはさまざまなタイプがありますが、主要なタイプは「アーバスキュラー菌根」と「外生菌根」で、共生相手の植物の種類や、根に入りこんだ菌糸の形状が異なります。

ほとんどの草本をはじめ、ニレ科やバラ科、主な人工林樹種であるスギやヒノキと、最も多くの植物と共生するアーバスキュラー菌根菌は、菌糸が植物細胞の内部に入り込んでおり、根の外見は菌根共生による変化があまりみられません。

一方で、マツ科やブナ科、カバノキ科などと共生する外生菌根菌は、菌糸は植物細胞の間隙までしか入りませんが、菌鞘《きんしょう》という植物根の先端を覆う鞘《さや》のような形態をつくるので、肉眼でも菌根共生を確認することができます。また、外生菌根菌にはマツタケやトリュフなど馴染み深いキノコをつくるものもあります。

菌根菌を食べる虫も植物の成長に影響を及ぼす

菌根菌の菌糸も、微生物食者の主要な餌の一つです。

菌根菌の菌糸を食べている土壌動物には、トビムシがよく知られています。植物が光合成でつくり出したばかりの炭素は、葉から根にすばやくまわされて菌根菌に受け渡されていることが知られていますが、トビムシの体もしばしばこの新しい炭素でできていることが確認されています。トビムシが多くの土壌動物の餌であることを考えると、この新しい炭素にトビムシがどの程度依存しているかが、ある場所の土壌食物網が腐食連鎖と生食連鎖のどちらに偏るかを決めているといえるでしょう。

トビムシによる菌根菌の摂食は、植物の生育に直接的な影響を及ぼすことも知られています。

トビムシが菌根菌糸を過度に食べると、菌根菌は養分を植物に渡すという役目が果たせなくなり、その結果、植物の成長が弱まることがあります。しかし、そのような負の効果がみられるのは、トビムシの生息密度がとても高い場合です。

実際には、トビムシが菌糸を食べることで植物の成長が高まることが多いといわれています。トビムシは若い菌糸よりも古くなった菌糸を好んで食べることが知られており、トビムシが古い菌糸を食べることで、菌根菌糸の新陳代謝が促されて菌根のはたらきが活性化するのではないかと考えられています。

2 捕食というはたらき

捕食者が餌生物同士の関係性を変える

前節では、原生生物やセンチュウ、トビムシなどの微生物食者が、細菌や菌根菌を食べることで、微生物の活性を変え、その結果、植物の成長に影響することを述べました。これらは、土壌中での摂食や捕食が、餌生物のみならず地上部も含んだ生態系全体に影響を及ぼすことを示しています。

微生物食者と微生物の関係に限らず、植物寄生性センチュウを好んで選択的に食べるクマムシによって植物の病気の発生率が抑えられるなど、捕食による間接的なはたらきは分類群を超えて広くみられます。

ここでは、捕食者が餌生物（被食者）の活性に直接作用するだけでなく、被食者と同じ栄養段階に属する生物間（つまり、食べられる側の生物同士）の競争関係に作用して、分解や植物の成長に影響を及ぼす例を紹介します。

食物連鎖の中で同じ栄養段階にある生物は、同じような場所に生息し、似通った餌

を食べ、天敵が同じであることも多くなります。そのため、餌や住みかである空間に制限がある場合、基本的に競争関係にあることが多くなります。そこに餌に選り好みをもつ捕食者が加わると、その競争における優劣が変わる場合が出てきます。

トビムシが菌根菌・腐生菌・病原菌の競争に影響する

例えば、トビムシは菌根菌だけでなく、腐生菌や病原菌の菌糸も食べます。これらの菌は栄養段階が同じとは言い難いですが、土壌中からの無機態窒素の吸収という面で競争関係にあります。そこにトビムシが存在すると、トビムシは菌根菌よりも腐生菌や病原菌を好んで食べるので、その結果、菌根菌に有利な状況となり、菌根菌が菌の間の窒素獲得競争に勝つことが知られています。

植物と共生関係にある菌根菌は、獲得した窒素等の養分を植物に渡すので、菌根菌が菌間の競争に勝つと、植物の成長はよくなります。先に話したように、トビムシは、菌根菌を食べて植物の成長に負の効果を与える場合があります。しかし、その負の効果よりも、この菌間の競争関係に及ぼす影響は大きいことが多く、結果、トビムシが植物の成長に正の効果を与える場合が多くなるのではないかとも考えられています。

原生生物やセンチュウも根の周りの細菌の種構成を変える

また、根の周りに多い原生生物やセンチュウも、必ずしもランダムに細菌を食べているわけではありません。これらの細菌食者も、食べる細菌の種類に選好性（選り好み）をもつことがあり、特定の細菌を食べて根の周りの細菌の構成を変えることで、植物の成長に影響を及ぼすことが知られています。

特に、原生生物の選択的な摂食により、硝化細菌（窒素の無機化に必須のプロセスを担う細菌）や植物の成長ホルモンを分泌する細菌が増えて、根圏における養分の無機化が進んだり、植物の成長が高まるといった例は有名です。

ただし、この菌や細菌の種類に対する選択的な摂食は、主に人工的な条件下にある実験システムで確かめられてきたことです。第4章で詳しく説明しますが、実際のところ、自然条件下にある土壌中で、土壌動物がこのような餌の好き嫌いを発揮することは難しい場合が多いかもしれません。

3 運搬によるはたらき

運んだり運ばれたり

動物は、食べたり食べられたりして物質循環をまわすだけでなく、移動することによって自分以外の生物を運ぶはたらきももっています。この「運搬」というはたらきは、高い移動能力をもたない植物や菌類にとって、生息場所を拡げるための重要な手段となっています。

また、小さくて移動能力の低い動物たち自身に、自分より大きく移動能力の高い動物に付着して長い距離を移動するという習性をもつものもいます。この習性は「便乗」と呼ばれ、便乗される側の動物は運搬のはたらきを請け負っているといえます。

菌は胞子をつくって増える

地上では、植物の実を食べる鳥や哺乳類が、移動した先で種子を含んだ糞をすることで、植物の分布域が広がるという仕組みがよく知られています。地下の世界では、植物の種子散布の代わりに、菌根菌や腐生菌など菌類の胞子散布が行われています。

菌類は、通常は菌糸体（菌糸の集合体）の状態でいますが、子孫を残すために子実体（キノコ）をつくり、その中で胞子をつくってばらまきます。この胞子が植物の種子にあたります。

胞子散布に関わる動物は、胞子の大きさにもよりますが、主にメソファウナとマクロファウナだといわれています。

腐生菌や外生菌根菌は数マイクロメートルと、メソファウナにも運べるサイズの胞子をもつことが多いのですが、アーバスキュラー菌根菌は五〇～五〇〇マイクロメートルと大きな胞子をもちます。アーバスキュラー菌根菌の胞子散布には主にマクロファウナが関わっていると考えられています。

多くの虫が胞子の散布に関わる

地下部の胞子散布には、キノコを食べる土壌動物だけでなく、胞子が落ちる場所に生息する動物、つまり土壌に生息するほとんどの動物が関わっています。食べて糞として出すことで散布する場合だけでなく、狭くて密な構造をもつ土壌中では、体毛など体の表面に付着して散布する場合が多いからです。

キノコや胞子をよく食べるトビムシは、胞子散布を担うと考えられている代表的な土壌動物です。しかし、トビムシの消化管内に入った胞子は、多くの場合、破けて破壊されていることが知られており、トビムシによる胞子の運搬も、食べて運ぶよりも、主に体表に付着させて運んでいるのだろうと考えられています。トビムシの他にも、ダニなど多くのメソファウナで体表付着による胞子の運搬が観察されています。

一方で、ミミズやワラジムシ、ヤスデなどのマクロファウナの消化管や糞の中に含まれる胞子は、破壊されずに生きて発芽能力をもつ場合が多いことが知られています。

これらの動物は、キノコを食べているわけではないのですが、落ち葉や土を食べる時に一緒に偶発的に胞子を取り込んでいるようです。メソファウナに比べて移動能力が高いため、胞子の散布範囲は広く、土壌の表層から下層まで垂直方向に対しても散布効果が大きいと考えられています。

また、キノコを食べるナメクジやハ

エ目の幼虫も主要な運搬者です。これらキノコ食者の消化管でも、胞子は消化されずに通過することができ、糞の中から発芽することができるようです。

土壌動物による胞子散布は、その菌の生息域を拡大するだけでなく、ある場所の微生物の集まりに新しい種の加入をもたらすという意味をもちます。これは、その場所の微生物の種間の関係性が変化することにつながります。したがって、微生物食者が微生物を選択的に食べることで微生物間の競争関係に干渉する場合と同様、胞子散布も結果的に分解や植物の成長に影響を及ぼすことがあるといえます。

いろいろな運搬と便乗

菌類の胞子の他にも、土壌動物はさまざまなものを運搬します。

胞子よりも小さい細菌や原生生物は、もちろん日常的に運搬されていることでしょう。ヤスデなどの落葉変換者に食べられ、運搬されながら、消化管の中でリターの分解を助けたり、糞として出された場所でさらに分解を進めるものもたくさんいます。

また、トビムシやダニはコケの精子を運搬することが知られています。原始的な植物であるコケは、水の中でしか動くことができない精子を使って繁殖しているのですが、トビムシやダニは、乾燥して水がなくなってしまっても、コケの精子を雄株から雌株まで運搬して繁殖を助けていることが知られています。これは、地上でハチが雄花から雌花に花粉を運んで受粉を助ける役割をもっているのと似ています。トビムシが出現した時期と植物が陸上進出した時期が両方とも四億年前ということをふまえると、ちょうどその頃から植物と虫の間に同様の関係性があったということを示唆しています。

一方、便乗では、胞子や精子に比べると、運ばれる側がもう少し能動的であることが特徴です。

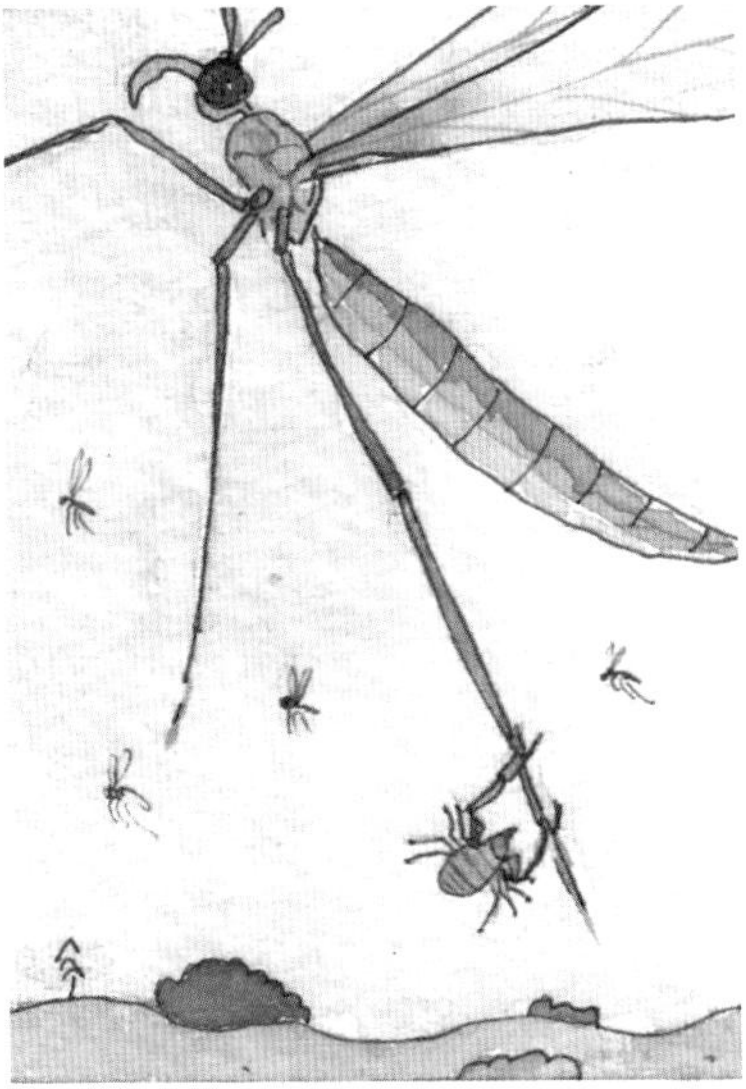

ダニやカニムシなど、便乗の習性をもつ動物は、脚の先に便乗に適した爪や吸盤がついていたり、動物の毛をつかめるハサミをもっていたりします。一部のダニでは、便乗する時期が生活史の中に組み込まれていて、ある生活史のステージで体全体のフォルムが便乗しやすい平たい形に変わるものもいます。土の中で運搬というはたらきが

古くから存続していることがうかがえます。

偶然が重なって結果を導く

これら一連の土壌における運搬という役割は、食べて食べられるという役割よりも偶然に左右されることが多いと考えられます。多くの運搬が、ある程度選好性のある摂食活動でなく、たまたま同じ場所にいた生物同士がすれ違った際に付着することに起因しているからです。

それに、運搬は、偶然に偶然が重なって、それが掛け算のようにして結果を導きます。

例えば、菌類の胞子を体表に付着させたダニが、たまたま通りかかったネズミに便乗し、そのネズミがうっかり猛禽類に捕われ食べられたとしたら。どこか遠く、国境も越えて、ダニが想像もできないような場所で、猛禽類が糞をして、菌の胞子が発芽することだって考えられるのです。

第4章

土壌動物の生きざま

1 土壌ならではの制約

動きにくく真っ暗な土の中で生きる

ここまで、土壌動物の「はたらき」に焦点を当ててきました。生物の「はたらき」とは、なにか特定の事象に対する役割と定義することもできますが、実際は生物の「生きざま」そのものに等しいといえます。したがって、我々がこの「はたらき」を理解したり利用したい時には、土壌動物の生きざまをなるべく理解しておくことが重要です。

第1章でも紹介したように、土壌環境は地上の環境と大きく異なります。ここでは、土壌動物の生きざまを説明するのに外せない、土壌ならではの制約に着目しながら、土壌生態系の理解を深めていきましょう。

土壌動物が生息する土壌の環境が、薄くて狭く、固相、液相、気相からなっていることは先に述べました（↓28ページ）。加えて、固体の粒子が不揃いに集まった中に、気相と液相が不均一に分布するという複雑な環境であることも特筆すべき点です。

空気や水で連続的に満たされた空間である地上や水界に比べ、土壌は生物の可動域である気相や液相の部分が小さく分断されており、生物はこの土壌構造によって強く行動の制限を受けています。また、動きにくく真っ暗な土壌中では、脚が短いものが多く、視覚のための眼が退化しているなど、生物の形態や性質も進化的に大きな影響を受けています。

匂いを利用する虫

この土壌環境の中で、生物は主要なコミュニケーションツールとして匂いを利用しています。

例えば、センチュウやダニ、トビムシは、目が見えなくても匂いで餌生物の位置がわかります。同種間のコミュニケーションにも匂いを使っており、飢えを知らせる匂いシグナルを餌の在りかの手がかりにしたり、捕食者に襲われた時に出る匂いシグナルにより仲間が危険を察知したりしています。

オスとメスが出会う機会の少ない土壌動物の繁殖様式として、間接受精が一般的であると第2章で述べましたが（↓50ページ）、ここでもメスが精子胞を拾う際の判断

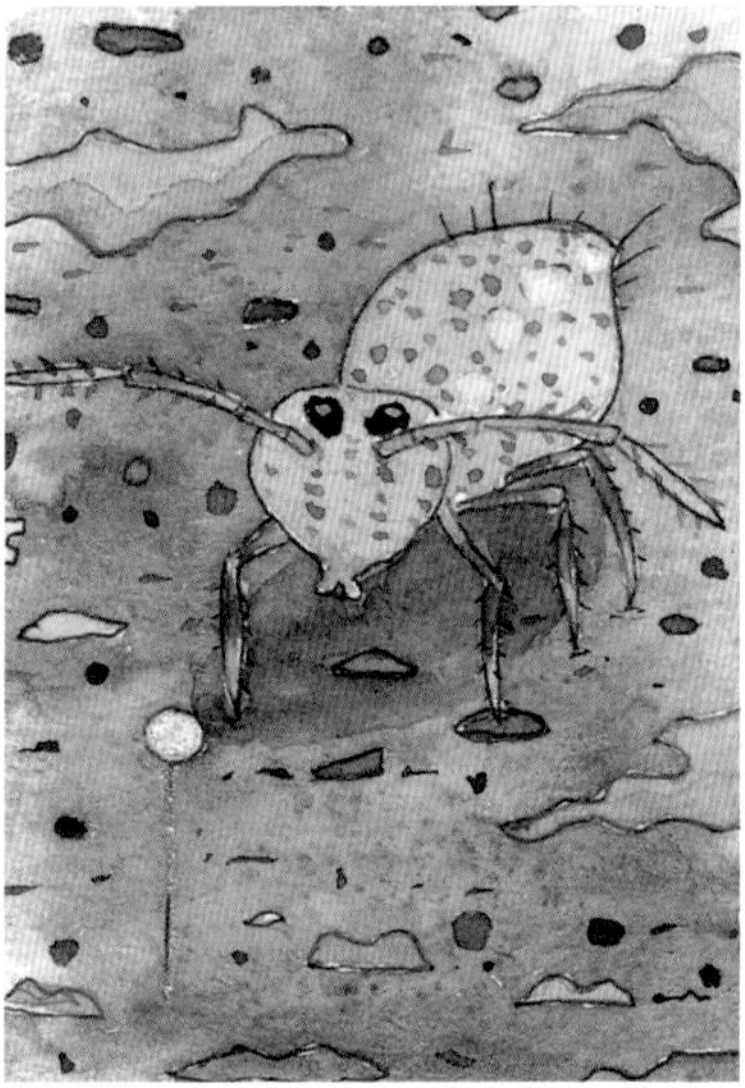

に匂いが使われていることが知られています。メスは精子胞の匂いからオスのスペックを評価できるようです。

この匂いシグナルは、自然条件下の土壌においても意外と遠くまで届くと考えられています。匂い成分は気体ですから、土壌中の気相と液相を通じて伝わります。土壌によって、固相と液相、気相の割合や、空隙（土壌粒子のすきま）の形状や配置が異なるため、匂いが伝わる程度も異なるのですが、ある実際の土壌条件下において、センチュウが五〇センチメートル先にある餌を認識できることが知られています。

土の中は移動しにくい

ただし、認識できても実際に目的物にたどり着けるかどうかは別問題です。例えばセンチュウは、実験的に準備した障害物のない寒天の上であれば、一時間に一五ミリメートル動くことが可能ですが、土の中だと一時間あたり〇・三ミリメートルから一・五ミリメートルほどしか動けなかったという報告があります。

さらに、液相部分で生活するセンチュウは、完全に乾いている気相部分を移動することはできません。匂い成分は液相よりも気相でより伝わりやすく、遠くまで届きますが、センチュウがその場所まで到達できる可能性は随分と低そうです。このように、土壌動物は、自らの能力による制約よりもずっと強い制約を、土壌構造から受けて生活しているといえます。

土の虫の食べ物の好き嫌い

ところで、地上部と地下部の虫の生きざまの対照的な点として、食べ物の好き嫌いに関する違いがあります。地上の虫は、餌に対して強い好き嫌いをみせることがよくあります。例えば、花の蜜や花粉を餌とするハナバチやハナアブには、花の種類に強い選り好みをみせる種が多くいます。また、蝶の幼虫のイモムシに至っては、種ごとに決まった食草をもつことが多く、成虫は特定の植物種を探し出して卵を産みます。

それに対して、土壌動物が餌に対するこだわりをそこまでみせることはあまりなく、基本的に雑食であると考えられています。例えば、自然条件下のトビムシの種間で消化管内容物に大きな差がみられることはほとんどなく、どの種の消化管にも菌糸や胞子、腐植など、似通った多様な餌が入っていることが知られています。

しかし、土壌動物は本当に餌の好き嫌いがないのでしょうか。

実は、人工的な培養器の中で、いろいろな餌を同時に与えると、雑食性であるとされているトビムシの種であっても強い好き嫌いを示します。第3章で紹介したような、菌根菌より腐生菌を好むといったレベルではなく、腐生菌の種の違いに対して明確な選好性をみせることもあり、細かいレベルで好き嫌いがあることが知られています。

好みはあっても土の中で選んでいる余裕はない？

自然条件下でトビムシの消化管内容物に種間の差がみられないのは、本来もっている好き嫌いを土壌という環境の中で発揮できていないせいかもしれません。

先の例の、遠くにある餌を感知できてもその場所までたどり着けなさそうだったセンチュウと同様、トビムシも、好きな餌を見つけたとしても、手に入れられるかどうかは怪しいことが多いと考えられます。

小さい微生物が、トビムシが入れないサイズの空隙に入ってしまっていたら、自ら土壌粒子を動かすことのできないトビムシはその餌を食べることはできません。した

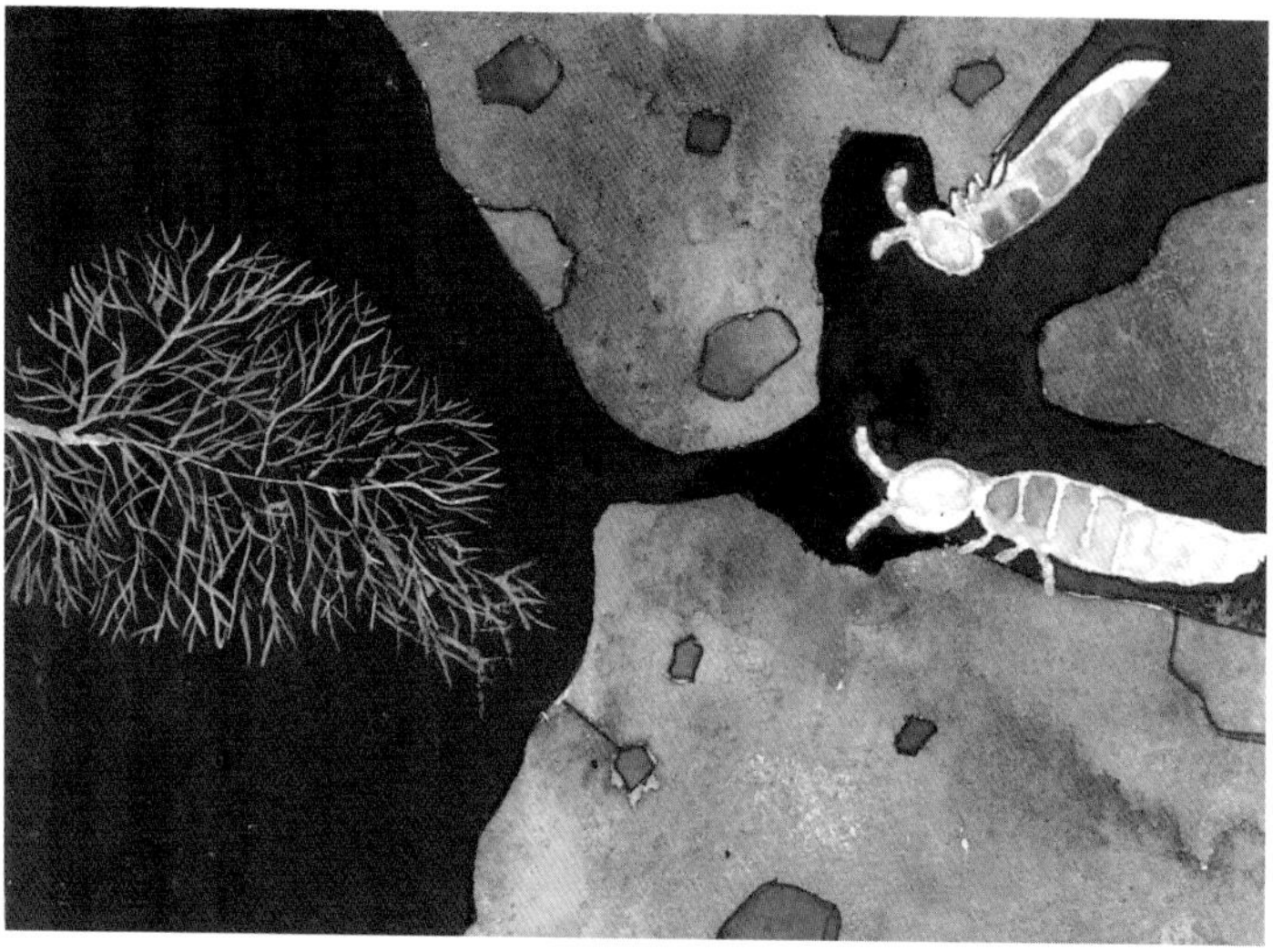

がって、自分より小さいすきまにも変幻自在に腕を伸ばして入ることのできるアメーバ等は別として、多くのミクロファウナやメソファウナは、食べられる餌に遭遇した際はとりあえず選り好みせずに食べておくという戦略をもっているのかもしれません。

実際、トビムシの中でも、地表やキノコに住んでキノコを主に食べている種は、野外においても比較的、実験室で観察される好みに沿ってキノコを選んでいることが知られています。土壌構造による不自由な制約がない地表では、餌を目や匂いで見つけてその標的にたどり着けるからでしょう。

トビムシ等を餌とするトゲダニやクモ、ムカデ等の上位捕食者も、多くが餌生物に対する強い選好性をみせないことが知られています。

多くの捕食者は待ち伏せ型の捕食様式をとっており、偶然近づいて来た獲物を手あたり次第に食べているようです。触肢に伝わる振動で餌の判定はしているようですが、こちらも選り好みをする余裕はないのかもしれません。

土壌中で自ら獲物を探して動き回るという行動は、獲物に自分の居場所を教えることに等しいのかもしれませんし、土壌粒子を動かせるような大きな体サイズをもつ捕食者にとって、土壌のすきまを逃げる小さな獲物を追いかけてその獲物だけを口に入れることは難しいのかもしれません。

土壌動物は雑食者がほとんど

このように、土壌では、餌の好き嫌いがあったとしても、それを発揮することは物理的な土壌構造による制約のために難しい場合が多いのだと考えられます。生態学の専門用語では、さまざまな餌を食べる雑食者に対し、特定の餌を食べる種をスペシャリストと呼ぶのですが、土壌動物にスペシャリストがあまりみられないのは、主にこのためでしょう。

そもそも、スペシャリストの存在は、通常、捕食者と餌生物との間で双方に進化的な力がはたらき、特定の相手に限った種間関係が維持されるようになることで生じます。

土壌動物の中でも、土壌粒子を動かしながら好きな場所に移動できるヤスデ等のマクロファウナは、好きな樹種のリターを選んで食べるなどの選好性をみせます。しかし、主要な餌が、生きている生物でなく、植物の枯死体であるリターそのものとなると、餌側が食べられることを避ける方向に進化することができません。

つまり、基盤となる餌が死んだものであることの多い土壌では、餌との間に、蝶と食草の間にみられるような共進化（相互作用のある生物同士のお互いの進化が連動しながら進行すること）の関係が見られにくくなります。このことが、土壌構造による制約と合わせて、土壌中に一対一の種間相互作用が発達しにくい状況を作り出していると考えられます。

2 多くの種が共存できる不思議

ある空間である種が独り勝ちしないのはなぜか

明治神宮の森における土壌動物については30ページで紹介しましたが、片足の面積ほどの狭いところにも多様な種が高い密度で生息しています。彼らはなぜ共存することができているのでしょうか？

土壌動物に限らず、ある空間に多様な生物が共存できる謎を解くことは、生態学で昔から多くの研究者を魅了してきたテーマです。

同じ場所に生息する異なる生物種が同じ餌を食べていたら、生物の個体数に対してその餌が潤沢にない限り競争が始まります。しかし、自然界において、ある種が独り勝ちして他の種がいなくなってしまうことはむしろ稀です。ひときわ多様性の高い土壌では、一体どんなメカニズムで多種の共存が成り立っているのか、まだ解き明かされていないことも多いのですが、提案されてきたさまざまな仮説をふまえて考えてみましょう。

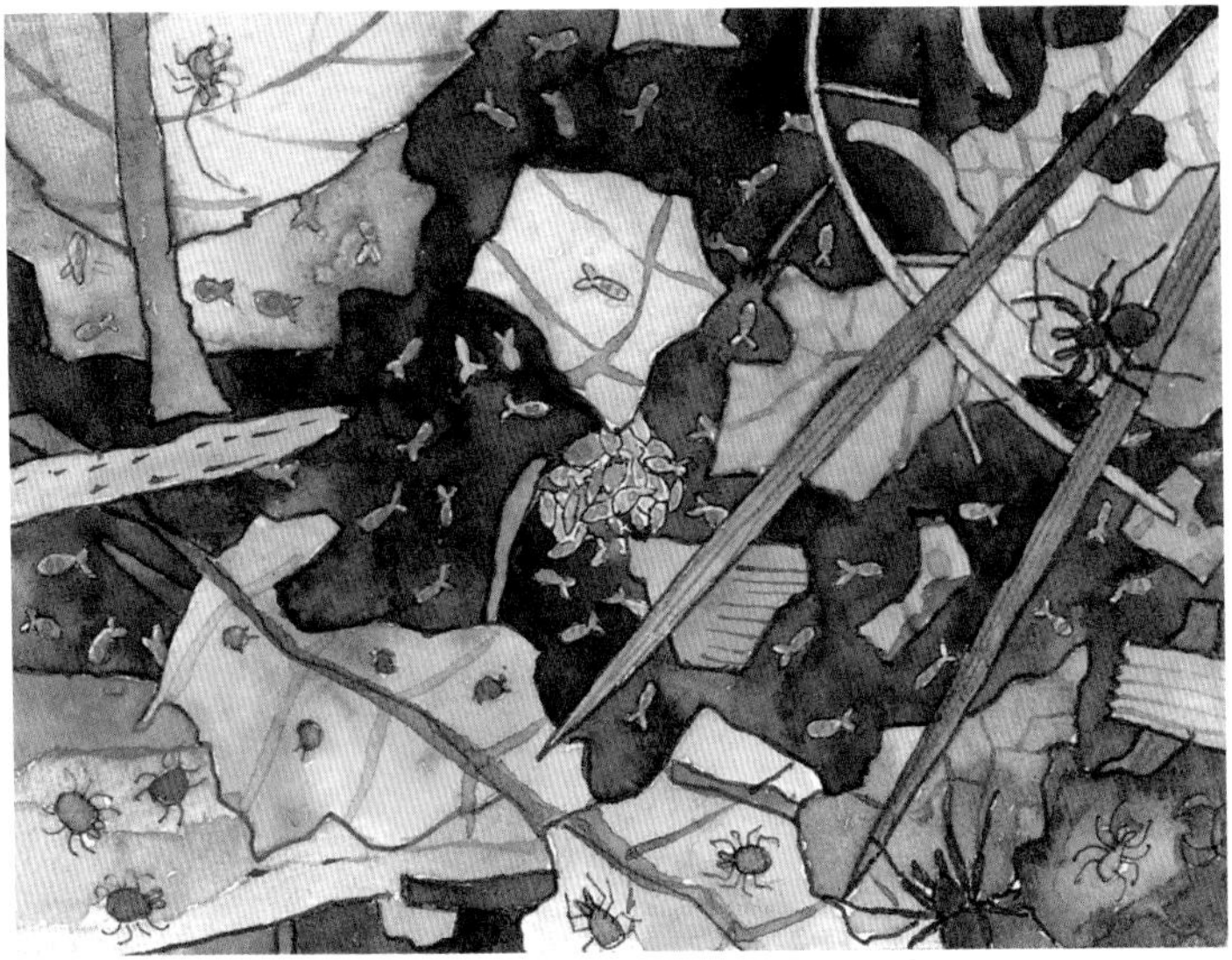

餌が異なれば共存できる

土壌動物にはスペシャリストがあまりみられないという話を先にしましたが、一般的に、スペシャリストが多いほど多様な種が共存できるという考え方があります。種によって餌が細かく分かれているほど、競争による排除が起こらず、同じ空間に共存できる種が増えると考えられるからです。たしかに、資源の種類が多く環境や資源の供給が安定している状況であれば、多様な生物は、異なる資源を利用すること（専門用語で「資源分割」といいます）によって同所的に共存できるでしょう。

雑食者の多い土壌動物の中でも、種によって口器の形態が分かれているササラダニやセンチュウは、それぞれの分類群の中で大まかに餌が分かれています（↓46、53ページ）。

例えば、大きな鋏角をもち、落ち葉や腐植を食べるササラダニと、小さな鋏角で菌糸を食べるササラダニは、同じ場所に生息していても餌に関する競争が起こらないので同居しやすいでしょう。また、センチュウには、菌食や肉食の自由生活性の種とは別に、口針（細胞に刺して細胞液を吸うための中空の針のような器官）をもち、植物の根に寄生する種もいます。これら寄生性の種は、土壌の中ではめずらしく特定の植物種と一対一の種間相互作用をみせることが知られています。

このように、ササラダニやセンチュウに関しては、餌資源の分割が多種共存の理由の一つになっている可能性は比較的高いといえます。しかし、餌の種類よりもずっと多くの種が同所的に存在していることが知られているため、餌の違いだけでは説明できないのが実際のところです。

ミクロスケールでの住み分けが餌の違いにつながる

一方、トビムシなど雑食性の強い土壌動物は、種によって餌資源が全く分かれていないのでしょうか？

日本の多くの森林土壌には四〇～五〇種以上のトビムシが共存しています。そのうち八〇％以上の種は似通った形態の口器をもっており、先に述べたように、どの種の消化管にも菌糸や胞子、腐植など、多様な餌が入っていることが知られています。

しかし、トビムシは同じ場所に共存しているといっても、細かく観察すると、第2章（↓51ページ）で説明したように、種によって好む土壌の層（土壌中の深さ）が違います。これは、新しい落ち葉が積もるリター層から腐植層までのたった数センチメートルの中でのはなしで、ほとんどの種は垂直方向にも動けますから、完全な住み分けではありません。それでも、表層を好む種の消化管ほど、落ちたばかりの落ち葉につく腐生菌の菌糸の割合が大きくなり、下層によくいる種ほど腐植の割合が大きくなるといったように、細かい住み場所の違いを反映して消化管の中の餌の混合バランスが変わることが知られています。

餌の選り好みができなくても、住み場所（よくいる場所）が分かれていれば、結果的に餌資源もゆるやかに分かれるのでしょう。

土壌は固体と気体、液体の混ざった不均一な環境であることが特徴ですが、生物にとって住みかの多様性や不均一性は餌資源に対する競争を弱め、結果として、生物の多様性を高めることが知られています。トビムシほど明瞭に種ごとの垂直分布の違いを示さない分類群に関しても、餌資源の分割とミクロスケールでの住み場所の分割が組み合わさって、多種が共存できているのかもしれません。

トビムシとササラダニがもつ異なる生存戦略

ところで、各分類群の中での多種共存の謎に加えて、微生物食者という同じ栄養段階にあるトビムシとササラダニ、センチュウが共存できている理由も興味深い点です。ミクロファウナであるセンチュウは、トビムシやササラダニに比べて体が小さく、土壌液相部分に生息するため、ミクロスケールでの住み場所の違いが、共存を可能にしていると考えられます。

しかし、同じ土壌空隙の気相部分に生息し、体サイズも似通っているトビムシとササラダニの違いは何でしょうか。

トビムシとササラダニは、そのグループレベルで大きく異なる生存・繁殖戦略をとっています。生物にとって全ての資源や環境に対して有利になる戦略というものは存在せず、何かで有利であれば別の何かで不利になるというトレードオフが発生します。

そのトレードオフを踏まえた代表的な戦略に、なるべくコストをかけずにたくさんの子孫を生んで増殖の瞬発力を高める戦略と、コストをかけて環境への適応能力を高めた少数の子孫を確実に残す戦略があります。この両者は、繁殖の仕方だけでなく、形態や行動、代謝機構に至るまで、多くについて対照的なパターンを示します。

トビムシが、代謝が高く移動能力も高いが防御力が低い体をもつのに対して、ササラダニは、移動能力は劣るものの防御力の高い殻に覆われます。これはトビムシが前者の増殖力の高い戦略をとっているのに対して、ササラダニが後者の戦略をとっていることの現れです。前者の戦略は環境の攪乱《かくらん》が起こった時などに個体数が回復しやすいのに対して、後者の戦略は安定的な環境において競争に強くなります。

このように、トビムシとササラダニは、同じ食物、同じ住み場所を利用していても、根本的に対照的な戦略をとることで時を越えて共存できていると考えられています。

攪乱や捕食が多様性を生み出す

環境の攪乱が起こるとササラダニよりもトビムシが生存に有利になるということですが、この攪乱というイベントも、多種の共存には大切な要素であることが知られています。

そもそも、資源分割によって多種が共存できるという考え方は、環境が安定的であることを前提としています。環境攪乱によって生物が種によらずランダムに排除される時、種間競争によってどちらかの種が完全に排除されてしまうという事態にはなかなかなりません。競争に優位な種の方が、個体数が多くなるためにかえって攪乱の影響は受けやすく、競争に決着が着く前に減ってしまうからです。

この、ある場所において優占している種ほど個体数の増加にストップがかかるという状況は、同じ資源を利用する種同士の共存を説明する主要なメカニズムです。一般的に、生物間の競争は、異なる種同士の間でだけではなく、同種の内でも起こっています。そのため、個体数密度（面積あたりの個体数）が高くなるほど種内の競争が激化する場合は多く、そういった場合、攪乱などの外圧がなくても、ある場所で優占している種ほど個体数を増加させることが難しくなります。

土の中は地上に比べて気候による攪乱が少なく、一般的に安定的な環境であるといわれます。よって、地上部と比べると、攪乱の影響は大きくないかもしれません。しかし、土壌の表層では、繰り返される乾湿や風、雨滴などの気候条件による攪乱が比較的多いと考えられ、表層の群集では、こうした攪乱が多様性の維持に役立っている可能性があります。

一方、土の中では、ネズミやモグラなどメガファウナに相当する動物が新しい坑道を掘りながら移動することが主要な攪乱となっているかもしれません。メガファウナほどの威力はもたないかもしれませんが、ミミズ等のマクロファウナによる生態系改変も攪乱として他の土壌動物の多様性に寄与している側面があるかもしれません。

加えて、捕食も攪乱と同様の効果をもつ可能性があります。捕食が餌生物同士の競争関係など種間関係に影響を及ぼすことは先に述べました。捕食者が、餌生物側の量や個体数にかかわらず餌に対して強い選好性をもつ場合（常に好む餌が同じである場合）、捕食は多様性を低下させる効果をもつといえます。しかし、捕食者が強い選好性をもたない時には、捕食は攪乱と同様の効果を発揮します。上位の捕食者であっても選好性をもつことが難しく、偶然性が支配しがちな土壌では、捕食が下位栄養段階の生物の多様性を支えている可能性が高いのかもしれません。

3 さまざまな土壌動物の集まり

場所ごとに異なる群集が形成される

ある時、ある場所に生息する生物の集まりは「群集」という言葉で表されます。地上の植物や動物の群集が、場所によって異なるメンバー構成をもっていることに気づいている人は多いと思います。

例えば、日本では、暖かい地域にはシイやカシといった冬にも葉をつけている常緑樹の多い森林が広がり、寒い地域にはブナやミズナラといった落葉樹からなる森林が広がります。一つの山においても、標高が高くなるにつれて針葉樹が増えたり、山頂付近になると樹木の種数が減ったり、森林がなくなって草原になったりと植生（植物群集）が変わります。

地下部は見えないために認識されにくいのですが、植物と同じように、土に住む土壌動物も、場所によって異なる種や異なる種数からなる群集を形成しています。

どこにどのような群集が形成されるかは、さまざまな要因が複雑に絡み合って決定

されます。種ごとの分散能力（移動能力）や気候等の環境に対する耐性で、まずどの種がその場所に移入できるかが決まります。移入した後も、先に説明した競争や捕食により排除される種も出てきます。

そういった生物的な要因でどの種が排除されどの種が生き残るかは、その場所の環境によっても変わりますし、偶然にも左右されます。「運搬によるはたらき」（→95ページ）で説明したように、生物の分散自体も大きく偶然に支配されています。そもそも、ある地域の生物相は、長い地理的な歴史（大陸の移動や地形の変化など）や、それに伴う生物の進化の歴史の影響も受けているので、地球上には極めて多岐にわたる群集がみられることになります。

地上の植物と作用し合う地下の虫

土壌動物の移入や生き残りには、気温や降水量などの気候、母岩（土壌の下の岩石）の種類、それらに影響される土壌温度や土壌湿度、土壌養分濃度などが影響しています。

しかし、その場所の地上部に形成されている植物群集も最も影響力が強い要因の一つです。植物自体、生物ではありますが、土壌動物の餌資源であり住みかでもある落ち葉等リターを提供することで、土壌環境を大きく決定するからです。

一方で、第1章で説明したように、植物は土壌中で土壌生物が分解して無機化された養分を利用しています。そのため、土壌動物群集のはたらき自体も、植物群集の形成に影響力をもっています。つまり、植物と土の生物の間には常に相互作用がはたらいており、双方の群集は連動して変化していくことが知られています。

地上と地下の群集の入れ替わりは連動する

火山の噴火後の裸地のような、養分がほとんどなく植物が生息できない場所でも、自ら光合成をする細菌や原生生物、大気中から窒素を固定できる細菌などを起点に、少しの炭素と養分に依存したシステムが成立します。そこにいったん草や低木などの植物が定着すると、土壌の形成とともにダイナミックにシステムがつくり替えられていきます。

この、ある場所の植物群集が種構成を入れ替えながら変化していく様を「植生遷移」といいます。裸地から始まって、コケ、草本、低木と移り変わり、安定した森林が成立するまでには、通常数百年から千年といった長い年月を要します。

この植生遷移には通常、土壌生物群集の遷移が連動しています。落ち葉等のリターの量や、リターに含まれる養分や難分解性物質の量は、植物の種によって異なります。そのため、地上でどの植物が優占したかに応じて、地下に生息できるメンバー構成が変わってくるのです。そして、地下に形成された土壌生物群集の分解能力、つまり摂食や代謝の能力によって、分解のスピードやそれに伴う養分の無機化のスピードが変わります。

土壌中の有機物や無機態養分の量は、植物が供給するリターの量や質と土壌生物の分解能力のバランスで決定されています。つまり、分解のスピードは、土壌動物自身の住みかとなる土壌有機物層の厚さや土壌構造を決定し、どのような土壌動物群集が

形成されていくかを方向づけるともいえます。また同時に、分解のスピードは、植物に再び供給される養分の量や、植物の種子の発芽・発根を左右する腐植の量を決定します。

植物も、土壌動物が異なる生存戦略をもっているように（→114ページ）、種ごとに異なる戦略をもっています。例えば、養分が豊富にある場所でいち早く成長できる種や、養分が乏しい場所で養分の利用効率を高めながらゆっくりと成長する種がいて、それらの種間でそれぞれ生存に有利な土壌環境が異なります。

つまり、土壌動物のはたらきの結果である無機態養分の供給量や腐植の量が植物種間の競争関係に影響を及ぼし、そこに住める植物群集の構成に大きく影響することになります。このようにして、土壌動物群集が植生遷移を促進することもあるのです。

地形がさまざまな群集をつくり出す

植物と土壌生物はお互いに影響を及ぼし合いながら群集を形成し、生態系は成立しています。窒素やリンは生態系内で循環が完結しているために、これら養分の量や循環速度は生態系ごとに大きく異なり、似通った気候の下では、窒素やリンがシステム（系）ごとの群集を決定づけることが多くなります。

一方で、生態系内のより小さなスケールでは、斜面などの地形の違いが群集の違いを生み出します。例えば、平らでリターは溜まりやすいけれども養分が水に溶けて下方に流れてしまう尾根と、それらが流れてくる斜面下では、たとえ近距離であっても全く異なる群集が形成されます。

尾根には、養分が乏しくても少ない養分を効率よく利用できる植物が生息し、その地下部には、代謝の低いササラダニやトビムシなどのメソファウナが、養分濃度の低い落ち葉が積もって分解が進まず厚く層になった腐植にたくさん生息しているでしょう。一方、斜面下には、水に溶けた養分を素早く獲得して成長する植物が生息し、養分濃度の高い落ち葉を、リターに対する選好性が強く分解能力の高い土壌動物が素早く分解することで、養分の回転率が高い系が成立するでしょう。このような場所では分解が速く、住みかとなる腐植は溜まらないため、土壌動物の個体数は高くないかもしれません。

また、一つの森林の中には、大きな樹木が倒れて開けた空間や、その倒木の下など、さらに局所的に、周りと異なる群集が形成される要素が多々あります。これら系内の環境の不均一性は系内での群集の不均一性を高め、結果、生態系内の種の多様性の維持に寄与していることが知られています。

土の虫の移動スケールに謎が残る

植物も土壌動物も、それぞれの種が移動可能な範囲で分布を広げて新しい群集を形成していくわけですから、群集の構成は種ごとの分散能力に大きく影響されます。

ただ、土壌動物に関しては、自然界における分散能力についてはほとんど分かっていません。特にミクロファウナやメソファウナといった小さいものは、翅《はね》がなく一日に数ミリメートルや数センチメートルしか歩けないものが多いにもかかわらず、世界中に分布するコスモポリタン種と呼ばれる種がたくさんいます。

多くの土壌動物の分散範囲は、能動的

な分散能力によるものよりも、受動的で偶発的な分散によって決まっているのかもしれません。小さく軽いために風に飛ばされて分布を広げるものや、先に説明した便乗（↓99ページ）によって、考えられないほど遠くに運ばれるものもいます。海を流れる流木に乗って大陸を渡るものもいると考えられています。

となると、土壌動物の群集形成にはその地域の歴史を反映した地域特有の種構成の影響といったものは小さいのかもしれません。いずれにせよ、土壌動物の分散におけるる偶然性や不確実性の高さは、土壌動物の群集の形成過程に大きな影響をもっていると考えられます。群集形成に分散による制限があまりかかっていないとしたら、そのことが土壌動物の局所的な多様性の高さにつながっているかもしれません。

第5章

生態系の調和

1 多様性の意義

多様な虫がいることに意義はあるのか

生態系が維持されるには、有機物をつくり出す生産者だけでなく、使い古された有機物を分解し、再生プロセスを担う分解者が必要であることは理解に難くありません。もしも分解者がいなくなってしまったら、地面には大量の落ち葉や枯れ木、動物の遺体が降り積もったままになるでしょう。

分解が進み、腐植が形成されなければ、植物は養分の再利用ができず成長できません。そもそも植物は、すきまが大きく乾燥しやすい、落ちたばかりのリターからなる層に根を張ることができません。分厚いリター層だけでは、たとえ種子から発芽できたとしても、根から吸水することができず実生のまま枯死してしまうでしょう。

しかし、この観点から単純に考えると、主要な分解者である微生物と、それらをサポートする少しの代表的な土壌動物さえいれば、生態系は成立するともいえます。現実に、こんなにも多様な土壌動物が生息していることに、なんらかの意義はあるのでしょうか。

多様であればはたらきが大きいわけではない

生物の多様性が高いほど、その生物の生態系における機能（はたらき）が大きくなるという傾向がみられることがあります。

例えば、生産者である植物に関しては、ある場所に生息する種数が多くなるほど、その場所の有機物の生産量が上がることがよく報告されています。種数が多くなるほど、特に生産力の高い種がたまたま含まれる確率が上がるという可能性もあるのですが、一般には、さまざまな戦略をとる異なる種が共存するほど、資源（植物にとっては光と土壌養分）を効率よく余すことなく利用できるからと考えられています。

しかし、土壌動物に関して、土壌動物の多様性が高ければ、主要な働きである分解作用も大きくなるといった傾向はほとんどみられません。

この、機能に対する多様性の効果がみえない原因の一つに、多岐にわたる分類群が「土壌動物」とひとくくりにされて評価されることが多いという問題があります。ほぼすべての土壌動物がなんらかの形で枯死物の分解過程に関わっているとはいっても、その関わり方は説明してきたようにさまざまです。また、分解というはたらきは、食べて食べられるの関係でつながった食物網を構成する生物群集が担っています。さまざまな栄養段階に属する動物を含んだ群集の多様性と機能の関係性について説明できる理論はほとんどなく、現状では「土壌動物」が多様であることの意義を、はたらきの大きさから論じることはできないのです。

一方で、例えば微生物食者など、土壌動物の中でも同じ栄養段階にある分類群だけを対象にした場合も、多様性と機能の間に明瞭な関係性がみられることはほとんどありません。これは、同じ栄養段階にある土壌動物では食べ物が似通ってしまうためかもしれません。そもそも、多くの土壌動物は、食べ物に対する選好性が弱く、潜在的には好き嫌いがあろうと野外では雑食者としてふるまいがちであると述べてきました。これでは、多種がいたとしても種ごとに役割が分かれない（機能が重複する）ため、一種がたくさんいる状況と同じになってしまうと考えられます。

これらの問題が重なって、土壌動物のはたらきに対する多様性の効果をみることが、難しくなっているのでしょう。

少しずつ異なる性質が生態系を持続させる

しかし、時の流れの中のある瞬間を切り取って、その瞬間のはたらきに対する多様性の効果が不明瞭だったとしても、ずっと継続的にそのはたらきを維持するという観点からは、多様であることの意義は大きいかもしれません。

土壌動物は機能的に重複している種が多いといえますが、長い時間軸を入れて考えるとこれは決して無意味なことではありません。生物は機能的には冗長（重複して余分・無駄）であっても、各々が適応できる環境が違うなど、機能以外の部分でそれぞれに異なる性質をもっているからです。

例えば、食性が似通っていて機能的にはほとんど同じといえる種の中に、乾燥に強い種と浸水に強い種がいれば、それぞれ水分条件の異なる生態系で同じ役割を担うことができるでしょう。これは、同じ場所でその二種が共存できている場合、いざ干ばつや長雨など異常気象があった際でもどちらかが生き残り、その役割が維持されるということを意味します。

このように、時の流れとともに変動していく環境の中で、生物のはたらきを持続させるには、気候が安定している時には冗長にみえた生物の多様性が大きな意味をもちます。平常時には存在しようがしまいがあまりパフォーマンスに影響していない種でも、目立たず潜在していることで、全体として生態系の頑健性が保たれていることは多々あるでしょう。

2 バランスが壊れてしまうその前に

土の群集の絶妙なバランス

土の中では、狭い空間に数多くの土壌動物が密になって、絶妙なバランスで複雑な相互作用をもちながら生息しています。

土壌動物は、基本的に世界中のどこでもみられ、死滅してしまったり長期にわたっていなくなってしまうなど、脆弱な面をみせることがあまりありません。大規模な干ばつが起こるなどすると、一時的に姿を消してしまうのですが、いつの間にか戻ってきていることがほとんどです。

これは前述したように高い多様性のおかげとも考えられますが、土壌中の種間関係が、複雑ではあるけれど、偶然性や不確実性に支配されたゆるいものとなっているためかもしれません。関係性のゆるさというのはしばしば緩衝作用のような強さにつながります。食べ物に対する強い選好性がないことや、この種がいないと生きていけないといったような一対一の種間関係がほとんどないことが、長い時間スケールにわたって多様性の高い群集を維持できる秘訣でもあるのでしょう。

一方で、興味深いことに、土壌動物は、際限なく増えて資源を食い尽くしたり、害虫化したりすることもほとんどありません。

この特徴に関しては、土壌動物が食べ物でできた家に住んでいることが大きな理由かもしれません。これまで説明してきたように、土壌動物にとって落ち葉などのリターは、食べ物であり、かつ住みかでもあります。リターを食べて分解を進めることは、土壌動物自身の住みかが消失することを意味します。つまり、土では、自らのはたらきが大きい場所で大所帯の群集を維持し続けることが難しいという側面があるのです。こうした側面も土の群集のバランスが保たれている一因となっているのでしょう。

最後に

ここまで、土壌動物の多様性や生態系におけるはたらきが保たれている理由について現時点で考えられることを挙げてきました。しかし、観察の難しい土壌動物について、確定的に明らかにされていることはまだ少なく、何を食べて何に食べられているかという、はたらきを決定する根本的な情報さえも曖昧なことがよくあるというのが現状です。

土壌が人類にもたらしている恩恵は、作物など植物の栽培を通した食料の提供だけではありません。それを超えて、一見つながりがないように見える、毒性物質の浄化や炭素貯留を通した水質や大気の調整にまで及んでいます。これらの恩恵は、土壌の分解プロセスと深く関連しており、そのため、土壌動物のはたらきが基盤になっているといえます。

土壌動物は頑健にはみえますが、その群集の形成とはたらきを保っているバランスが一度壊れてしまうと回復させる手立てはありません。さらにいうと、壊れる前の状態、つまり現状を把握できている場所さえほとんどありません。土壌動物のはたらきを持続可能なものにするには、生態系の調和がかろうじて保たれているように見えるこの間に、あふれるほどある謎を解き明かしていかなければならないのです。

あとがき

まず、あとがきのはじめに述べたいことは、本書執筆の機会を与えてくださり、かつ、度重なる遅延にも忍耐強く付き合ってくださった編集者の瀬谷直子さんへの感謝である。お話をいただいてから出版までに三年以上もかかってしまったが、完遂できたのはひとえに瀬谷さんの励ましと適度な催促のおかげである。何度も締切を踏み倒し、音信不通がちになる私に、怒るどころか、できる限りプレッシャーを与えないようにと配慮した連絡をし続けてくださったこと、心からありがたく思っています。

さて、瀬谷さんより、本書では、土壌動物の研究をしている動機（モチベーション）についても書いてほしいとご提案いただき、あとがきに加えることにした。まえがきでも紹介したように、土壌動物、とくに私が対象としている小型の節足動物のフィールド研究で得られるデータはばらつきが大きく、解釈不能で残念な思いをすることも多い。その割に、彼らはあまりに小さく肉眼でほとんど見えないために、観察するにもコントロールするにも手間がかかる。化学分析に必要なバイオマス（生物体量）を集めることも大変で、他の大概の生物と比較して同レベルのデータを得るためにかかる時間は数倍や十倍では済まない。
研究材料としては極めて不利益なことが多いため、早々に見限られてしまうケースもあるのだが、それでも多くの研究者が、おそらくある種の失望を繰り返しながら土壌動物の生態やはたらきの検証に多大な時間と労力をかけ続けている。土壌動物の研究をするようにと社会やお上から要請されることは現在のところほとんどなく、概して、効率よく成果が出て、役に立ち、社会的な注目も高いテーマに取り組むことが推奨される。研究に必要な資金も競争で取り合うこの世界で、圧倒的不利になる土壌動物の研究を続けるにはメンタル面の戦いだって必要になる。どういった魅力があるのか、なぜ続けているのか、私も彼ら彼女らに問いたいくらいで、自分自身のモチベーションについてもなかなか答えがでなかった。

私は幼い頃より土の虫を好んだことはなく、どちらかというと、脚の多い生き物も脚のない生き物も苦手で、今も素手では触りたくない。大学生の時に受けた生態学の講義が面白く、その講義をしてくれた先生がトビムシを専門とする土壌生態学の研究者だったという、完全に偶然の縁だけで土壌動物の研究を始めた。個人的には魑魅魍魎にもみえる土壌動物の中でトビムシだけは可愛らしく、はじめはそれだけが救いだったが、今もトビムシの見た目だけをモチベーションにしているわけではないと思う。

辞め時を見失ったとか、惰性で続けているとかいう感もなくはないが、やはり、やってもやってもいろんな謎が解けないことが辞められない大きな理由でもあるのかもしれない。苦労や心労の原因であると同時に、取り組み続けるに値する大きな魅力にもなっているのだろう。度重なる落胆に慣れて打たれ強くなったのか、もともと楽観的なのか、今でも新たな研究を始める時はわくわくする。長年続けてもこんなに何も分からないんだという実感と共に、辞めずに続けるというだけで確実に少しずつ前に進むという実感も得てきた。そのほんの少しの前進があることが、ムチだらけの中のアメみたいな役割を果たして前向きになれているのかもしれない。

研究を始めた初期には、このほとんど顧みられることのない虫に着目することでいずれ生態学的に新しい発想が生まれないかと期待したり、土壌動物を通して土壌生態系に焦点をあてることで数ある環境問題の解決の糸口になるような研究につながらないかと模索したりしていた。もちろん今もそういった気持ちが無くなったわけではないのだが、本心としてはトビムシを中心に土の虫のことさえ少しでも分かれば御の字かなという控えめな気持ちでいる。無力なトビムシに寄り添いすぎて自分も無力で構わないという心持ちになってきたのかもしれないが、このまま土の虫の研究に全部かけてしまって、その結果、思い描いていたような成果が得られず終わってしまっても仕方ないし後悔しない気がする。何より、これからの未来に備えて、土壌動物に対して適切な判断ができる人材を維持するために、目先の何らかよりも地道な研究を少しでも進めて次世代につなげた方がいいことは分かっている。社会が土壌動物にも向き合わなければならない時だっていつか来るかもしれない。これは他の多くの土壌動物研究者らと共有している思いだろう。

もうひとつ、私はどうも、このトビムシ等土壌動物になぜか翻弄され続けている同業者たちをはじめ、植物や土壌など関連分野の研究者らのことが好きで、今いる研究コミュニティーから離れたくないというのもモチベーションになっていると思う。研究プロセスというのは、一人きりで研究対象に向き合う作業がたくさんあるものの、常に誰かと対話をしているような、とにかく休む間もなく少しずつ他の研究者と分かり合っていくようなプロセスである。研究成果の発表手段である学術論文を執筆するには、これまで世界中で発表されてきた関連論文を網羅的に読み込み、自分の研究の必要性と解釈の妥当性を論理的に説明しなければならない。つまり、基本的に同業者同士、会ったことのない相手でも、故人であっても、それぞれの主義主張、思考のパターン、その変化の履歴も追うくらいにお互いを知り尽くしている。誰が一番に成果発表するかという競争に図らずも参入する羽目になったり、査読という論文の審査過程で意見が分かれて戦ったりすることも多々あるのだが、結局は研究対象について本当のことが知りたいという根底の目的が同じ仲間である。論文の出版が滞ればまだご存命だろうかと確認してしまうし、今はどういうことを考えているんだろうとかなぜこれまでの流れと違う主張を始めたのだろうとか思いをはせ続けていると、勝手に愛着も湧くものだ。

それに、これまで、論文上で名前のみ知っていた研究者に直接会って話した際に、その通じ合うことの多さに、心底感動することが多々あった。長く同じ対象をみてきた研究者とは、たとえ言語的な問題があっても意図が通じやすく、言葉を介さずに分かり合える感覚になる。また、自分よりも深くその対象をみてきた研究者の言葉は、言われたその時にピンとこなくても、数年後に真意を理解できることが多い。同じ研究対象を通してずっと考え続けていると、思考回路がある程度共通してくるということだろう。分かり合えると言っても、視点が全く同じであることはなく、意見もそれぞれに異なる。比喩にはなるが、協力して一つの穴を掘り進めるというよりかは、所詮それぞれが自分で掘った別の穴の底を見つめているような感じではある。けれど、おそらく同じ深さまで掘るということが、同じ解像度で物事を捉えるという意味で重要なのだろう。深いレベルで分かり合うことの貴重さ、その喜びのために、到達できるかどうかは分からなくても日々研究を進めている側面は大きいのだと思う。広い世界で理解者を見つけることはおそらく多くの人にとって人生の喜びの一つだと思うのだが、まさかこんな形で、好きでもなかった虫の研究を続けたことで充足するとは思わなかった。このコミュニティーでできることが残っているうちは恩返しも含め属していたいと思うし、これから参入してくる若者に対し先人と同じように受け止められるだけの思慮と知識を備えていたいと思う。

最後に、素敵な挿絵を描いてくださったくぼやまさとるさん、写真を提供してくださった吉田譲さん、根本崇正さん、中山剛さんに深く感謝申し上げる。皆さまの絵や写真が本書に載るということが、執筆を進めるうえで大きなモチベーションとなった。とくに、素晴らしい虫の絵を描くくぼやまさんと一緒に作品を出せるということが嬉しく、本書の大半は、くぼやまさんの絵を思い描きながら書き進めていた。くぼやまさんは『ニセ蟲図鑑』という本を出版されており、以前、伊豆の出版元の書店で偶然購入した父から与えられて以来ファンであった。ニセ蟲の中にはトビムーというトビムシをモデルにしたと思われる分類群がいたため、くぼやまさんが土壌動物にも詳しいだろうことは想像していたが、さすがにマニアックな内容のため挿絵には細部にわたる指定が必要かと思っていた。しかし、挿絵の箇所を簡単に指定した時点で、ほとんど説明も必要とせずにこちらの勝手な想定とぴったりの絵をつけてくださり、その知識と洞察力に感心すると同時に不思議な通じ合いがあるものだと驚いた。本書の内容よりもこれらの作品が人々を魅了し、多くの人が本書を手にとるきっかけになると確信している。本当にありがとうございました。

そして、同僚でありよき友人でもある多くの研究者の皆さまに深く感謝申し上げる。本書に関してはとても多くの方から少しずつ助言をいただいた。そのため、ここで一人一人の名前を挙げることは控えるが、語彙の使い方から内容の妥当性、構成、写真の選定や絵の構成に至るまで、多くの方の専門知識に頼っている。また、執筆中に直接の問い合わせはしていなくても、本書にはこれまでに私の思考に影響を及ぼしてきたものが全部詰め込まれてしまっている。本書の多くのトピックにはそれぞれいろんな個人的エピソードや思い出があって、テーマごとに関わってきた共同研究者らや教育を施してくれた先生や先輩の顔をふわふわ思い浮かべながら執筆を進めてきた。ここに書いてきたように、そもそも私に前進するモチベーションを与えてくれているのは、世界中にいる研究者仲間らでもある。皆さんがいなければ、これまで研究を続けることも本書が完成することもかなわなかったし、これから進むこともできないだろうことを考えると、実際のところ、感謝の言葉もありません。

二〇二三年六月　藤井佐織

索引

あ

か

藤井 佐織（ふじい・さおり）

国立研究開発法人 森林研究・整備機構 森林総合研究所 主任研究員。
2012年 京都大学大学院農学研究科博士課程修了。博士（農学）。
日本学術振興会海外特別研究員（派遣先：オランダ アムステルダム自由大学）等を経て2018年より現職。
専門は森林土壌を対象とした生態学で、土壌動物の多様性と機能（はたらき）に関する研究に従事。

はたらく土の虫

2023年11月30日　初版第1刷発行

著　者　藤井佐織
装　丁　野田和浩
イラスト　くぼやまさとる
写　真　吉田譲・根本崇正・中山剛
校　正　多賀谷典子
発行者　瀬谷直子
発行所　瀬谷出版株式会社
〒102-0083　東京都千代田区麹町5－4
電話 03-5211-5775　FAX 03-5211-5322
https://www.seya-shuppan.jp
印刷所　精文堂印刷株式会社